W0351565

Bruno B. Kremer

Wildblumen

Erkennen & bestimmen

Herausgegeben von Gunter Steinbach
Illustriert von
Reinhild Hofmann und
Fritz Wendler

Mosaik

Inhalt

Klatsch-Mohn

Zum Buch

Wildblumen schmücken herkömmlich Wiesen und Felder unserer Kulturlandschaften. Die Kreiselmähwerke heutiger Milch- und Fleischproduzenten hasten aber schon ab Ende April über unser ganzjährig jauchegesättigtes Grünland. Blumenwiesen, in denen bunte Falter von Blüte zu Blüte gaukeln, finden wir noch im Bergland; auch dort weichen sie vielerorts gesteigerter Nutzung der grünen Biomasse.
Unsere Inanspruchnahme der Natur verändert und vernichtet aber nicht nur Lebensräume, sondern schafft auch neue. Im Siedlungsraum mit seinen überwiegend kleinräumigen Strukturen gedeihen heute weit mehr Wildblumen als im Einheitsgrün konventionell und intensiv betriebener Agrarproduktion. So bieten Gärten und Parks, Friedhöfe und Hecken, Bahndämme und andere Randflächen von Verkehrswegen, das Umfeld gewerblicher Areale, sporadisch befahrene Flächen, Kiesgruben und künstliche oder renaturierte Gewässer zusammengenommen bedeutsame Entfaltungsräume »aus zweiter Hand«, viele von ihnen nur vorübergehend und nischenhaft für pflanzliche Opportunisten nutzbar.
Allerdings verschiebt die menschenbedingte Auslese der Wildpflanzen das Artenspektrum gegenwärtig ähnlich wie das der heimischen Tierwelt zugunsten der anpassungsfähigsten, robusten und der stickstoffliebenden Organismen mit teilweise extrem kurzen Vermehrungszyklen: weniger auf magere oder feuchte Lebensräume spezialisierte Arten, dafür mehr Individuen der so genannten Universalisten als Siedlungsfolger. Hahnenfuß-, Ampfer- und Meldearten, Löwenzahn, Vogel-Knöterich, Geißfuß und Brennnessel etwa waren nie so zahlreich wie heute, Frauenschuh, Tausendgüldenkraut und viele andere Raritäten nie so selten.

Die Wilde Malve nutzt stickstoffreiche Brachflächen der Siedlungen.

Nahezu 30% der rund 3000 Wildpflanzen Deutschlands stehen als gefährdet auf den Roten Listen. Sie werden seltener vom Pflücken bedroht als von geänderten Lebensbedingungen, denen sie nicht gewachsen sind. Wer die heimische Pflanzenwelt in ihrer gegenwärtigen Zusammensetzung wahrnehmen möchte, findet selbst in der Großstadt ein ergiebiges Feld bemerkenswerter Funde. Die jüngste Erwärmung trägt dazu bei, dass auch Arten anderer Klimate sich in Mitteleuropa ausbreiten.

Der Aufbau dieses Bandes trägt den genannten Entwicklungen Rechnung. Alle unsere heimische Flora prägenden Familien sind mit augenfälligen Arten vertreten. Im Gegensatz zu anderen Bänden dieser Reihe beschränkt sich das erfasste Gebiet auf Mitteleuropa unter Einschluss des südlichen Skandinaviens und des nördlichen Südeuropas. Nahezu alle vorgestellten Arten kommen auch im Mittelmeerraum vor.

Die bewährte Gliederung der Arten nach dem natürlichen System wird durch eine Ausfalttafel ergänzt, die markante Vertreter der meisten Familien dieses Bandes nach ihren Blütenfarben gruppiert. *G. Steinbach*

Einführung

Blüten sind buchstäblich ein Höhepunkt im Leben der Pflanzen. Sie erfreuen uns mit leuchtenden Farben, harmonischen Formen und einer geradezu unglaublichen Vielfalt. Blüten sind mehr als nur eine dekorative Zutat unserer Umwelt. In unserem Empfinden tief verankert, symbolisieren sie Harmonie und Schönheit.

Nach formalen Kriterien lässt sich eine Blüte als unverzweigter Kurzspross definieren, der nur noch wenig in die Länge wächst und seine Blätter in dichter, gestauchter Folge trägt. Blüten stehen daher am Ende von Sprossachsen oder deren Seitenzweigen. Sie entwickeln sich erst, wenn eine Pflanze ihre Grundmasse aus Wurzeln und Stängeln erreicht und damit die Basis für ihre Vermehrungsphase geschaffen hat.

Werbung für wichtige Dienste

Manche Blüten fallen nicht auf, weil sie vom Wind bestäubt werden und daher mit einfachsten Formen auskommen. Die meisten Blütenpflanzen sind für ihre Fortpflanzung und Verbreitung jedoch auf tierische Mithilfe angewiesen – ihre Blüten wurden zu attraktiven Werbeträgern, die für sich selbst sprechen. Nur Farbkleckse auf grünem Hintergrund würde kaum tierische Besucher für die erwartete Leistung des Bestäubens anlocken.

Blütensignal Sumpf-Dotterblume

Eine Blüte wirbt mit Fernwirkung. Sie bietet darüber hinaus ein komplettes Servicepaket mit Orientierungsplan, Bedienungsanleitung und hochwertiger Nahrung. Eine sicher wirkende Lenk- und Landehilfe für Fluginsekten ist beispielsweise das Prinzip Zielscheibe – der Farbkontrast zwischen Blütenzentrum und Blütenrand. Nahezu alle von Insekten bestäubten Blüten färben ihre Blütenmitte entweder deutlich heller oder wesentlich dunkler aus als die umgebenden Randbereiche der Blütenkrone.

Bunte Mischung

Die in diesem Buch vorgestellten 436 Arten bilden eine repräsentative Auswahl der heimischen Flora. Sie umfassen die in Mitteleuropa häufigen und dazu die besonders attraktiven, meist etwas selteneren Arten, die unseres Schutzes bedürfen.

Das Drüsige Springkraut aus Indien eroberte erst in den letzten Jahrzehnten Mitteleuropa.

Aufzunehmen waren auch viele Arten, die aus Kulturen verwilderten oder eingeschleppt wurden, sich nun wie Wildpflanzen verhalten und allgemein als solche angesehen werden. Wir finden sie in allen Lebensraumtypen von den Salzwiesen der Küsten über die Randbiotope der Dörfer und Städte bis zu den Bergwäldern der Mittelgebirge sowie den stehenden oder fließenden Gewässern heimischer Landschaften.

Den Alpen mit ihrem in vieler Hinsicht eigenständigen und umfangreichen Artenbestand wird ein eigener Band »Alpenblumen« gewidmet, wie auch den strauchigen Holzgewächsen mit zahlreichen Zwergsträuchern, die auf den ersten Blick oft wie Kräuter oder Stauden aussehen, z.B. Thymian- und Heidekrautarten. Schließlich bleibt den formenreichen Gräsern und grasartigen Blütenpflanzen eine gesonderte Darstellung vorbehalten.

Beim richtigen Namen nennen

Seit langem bemühen sich die Botaniker um eine eindeutige und allgemein anerkannte Benennung der Pflanzen. Sie ist notwendig und sinnvoll, weil Regionalnamen oft unterschiedliche Bedeutungen haben. Der Name »Butterblume« etwa bezeichnet in einer Landschaft den häufigen Löwenzahn, anderswo den ebenso häufigen Scharfen Hahnenfuß.

Benennung und Schreibweise von Arten spiegeln unseren Kenntnisstand von den Verwandtschaften der Flora wider. Die Acker-Winde (Gattung *Calystegia*) etwa vertritt eine andere Einheit als die verwandte Zaunwinde (Gattung *Convolvulus*). Ein Hornklee (Gattung *Lotus*) unterscheidet sich deutlich von einem »richtigen« Klee (Gattung *Trifolium*). Die deutsche Namengebung und Schreibweise in diesem Band folgt ROTHMALER, Exkursionsflora von Deutschland (Stuttgart 1998). Die Verbreitungsangaben sind mit HAEUPLER/SCHÖNFELDER, Atlas der Farn- und Blütenpflanzen der Bundesrepublik Deutschland (Stuttgart 1988) abgestimmt. Für die aktuelle wissenschaftliche Benennung der Pflanzen ist WISSKIRCHEN/HAEUPLER, Standardliste der Farn- und Blütenpflanzen Deutschlands (Stuttgart 1998) als anerkannte Vorgabe maßgebend.

Richtig benannt, leicht erkannt

Für die Beschreibung von Pflanzen und ihrer Organe bewährten sich die Begriffe, wie sie hier dargestellt sind – ergänzend zu der »Musterpflanze« auf der vorderen Umschlagklappe. Den »Kronblättern« zweikeimblättriger Pflanzen entsprechen die »Blütenblätter« der Einkeimblättrigen, z.B. der Liliengewächse. Ihnen fehlen Kelchblätter.

vier Kronblätter (Mohn)

acht Kronblätter (Adonisröschen)

fünf Kronblätter (Rosengewächse)

Blütenstand mit Röhrenblüten (innen) und Zungenblüten (außen)

sechs Kronblätter (Buschwindröschen)

Blütenstand mit Zungenblüten

sieben Blütenblätter (Siebenstern)

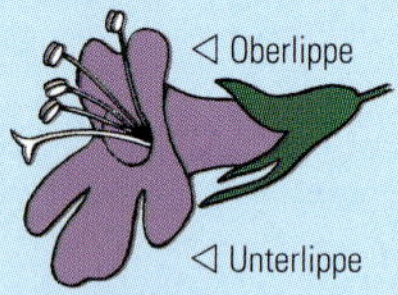

Lippenblüte (Wiesensalbei)

zweiseitig-symmetrisch

Körbchen im Querschnitt

Köpfchen

Blütenkrone

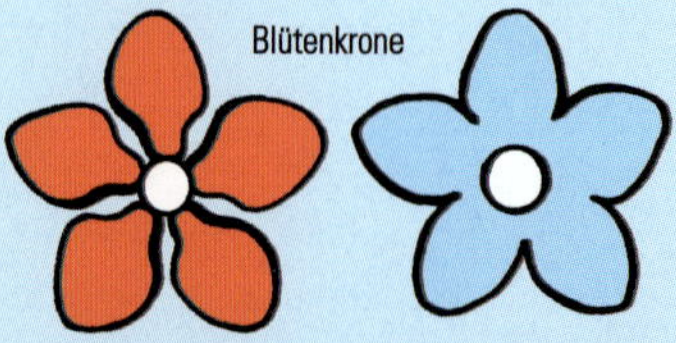

getrenntblättrig verwachsenblättrig

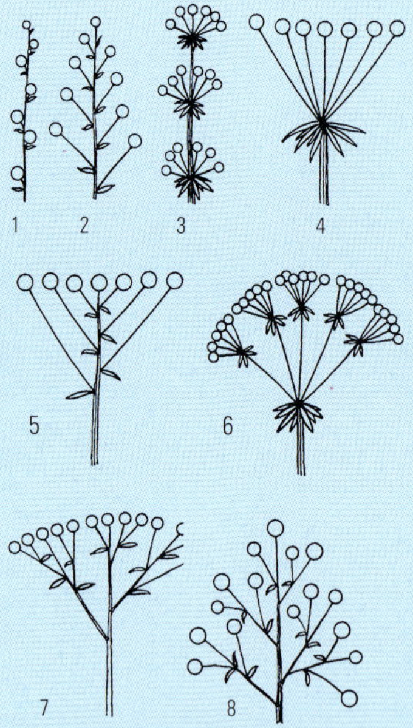

Blütenstände

1 Ähre 2 Traube 3 Quirl 4 Dolde mit Hülle 5 Doldentraube 6 zusammengesetzte Dolde: Hüllchen und Hülle 7 Doldenrispe 8 Rispe

Blattansätze am Stiel
1 gestielt 2 sitzend 3 geöhrt 4 durchwachsen
5 u. 6 verwachsen 7 herablaufend

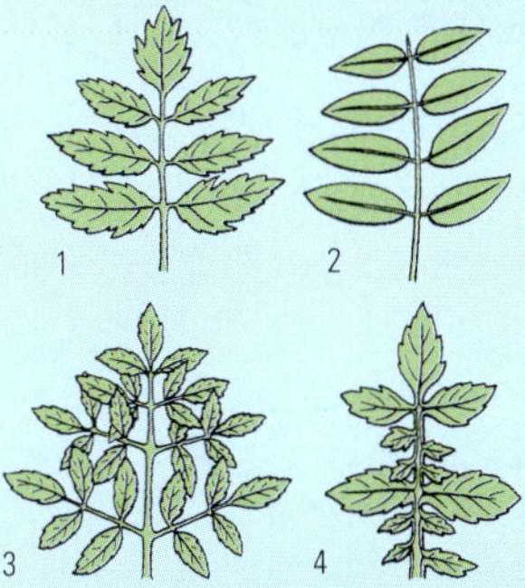

Zusammengesetzte Blätter
1 unpaarig gefiedert 2 paarig gefiedert
3 doppelt gefiedert 4 unterbrochen gefiedert

Blattspreiten
1 linealisch 2 lanzettlich 3 spatelig 4 länglich 5 eiförmig 6 verkehrteiförmig 7 länglich eiförmig 8 rundlich 9 schildförmig 10 nierenförmig 11 herzförmig 12 pfeilförmig 13 handförmig gelappt 14 fiederschnittig 15 handförmig geteilt 16 handförmig zusammengesetzt (hier siebenzählig) 17 dreizählig

Blattränder
1 ganzrandig 2 gewimpert 3 gekerbt 4 gebuchtet 5 gesägt 6 doppelt gesägt 7 gezähnt 8 dornig gezähnt 9 gezähnt gebuchtet

Hahnenfuß-gewächse und ihre Verwandten

Die Hahnenfußgewächse und einige weitere Familien bilden eine eigene Unterklasse, die sich durch eine Reihe ursprünglicher Merkmale auszeichnet. Gemeinsam ist ihnen unter anderem der Gehalt spezieller Alkaloide, weshalb viele Arten zumindest leicht giftig sind. Als Besonderheit zeigen die Blüten mancher Arten dieser Verwandtschaftsgruppe Nektar bildende Blütenhüll- oder Staubblätter (Nektarblätter). Fallweise können diese wie Kronblätter aussehen oder durch Aufgabe der Nektarbildung zu richtigen Kronblättern werden. Zu dieser Gruppe leiten die mit den Magnoliengewächsen in einer gemeinsamen Unterklasse stehenden Seerosengewächse über, mit denen die Artenfolge im Buch beginnt. Deren Blüten zeigen, dass es zwischen Kron- und Staubblättern fließende Übergänge gibt. Eine eigene Unterklasse bilden die Hanf- und Brennnesselgewächse, die in ihrer Entwicklungsgeschichte sekundär zur Windblütigkeit zurückgefunden haben. In der Pflanzensystematik sieht man sie heute zunehmend in der Nähe der im nächsten Kapitel folgenden Verwandtschaftsgruppen.

Wasser-Hahnenfuß

Weiße Seerose *Nymphaea alba*

FAMILIE SEEROSENGEWÄCHSE

Merkmale: Ausdauernde Schwimmblattpflanze; Blätter rundlich, mit bis zu 3 m langen Stielen, am Stielansatz mit tiefer Kerbe, Blattnerven am Rand miteinander verbunden, Hauptnerven der Basallappen fast gerade, oberseits glänzend dunkelgrün, unterseits rötlich, kahl; Blüten 9-12 cm breit, mit 4 Kelch- und 15-25 weißen Kronblättern, Narbenscheibe flach mit 14-24 Strahlen, Blütezeit VI-VIII.

Standort: Stehende und langsam fließende Gewässer, Altarme von Flüssen.

Verbreitung: Fast überall in EU; in D vom Tiefland bis ins Gebirge; auch angepflanzt. **§!**

Wissenswertes: Die Kronblätter zeigen fließende Übergänge zu den gelben Staubblättern. Die Blüten öffnen sich jeweils am Morgen und schließen sich am späten Nachmittag wieder.

Kleine Seerose *Nymphaea candida*

FAMILIE SEEROSENGEWÄCHSE

Merkmale: Ausdauernde Schwimmblattpflanze; Blätter bis zu 1,6 m lang gestielt, in den Basallappen mit stärker gebogenen Hauptnerven als bei der Weißen Seerose; Blüten 6-8 cm breit, öffnen sich meist nur halb, Kronblätter etwas kürzer als die Kelchblätter, Narbenscheibe deutlich gewölbt, mit 6-12 Strahlen, Blütezeit VI-VIII.

Standort: In stehenden Gewässern, meist in sauren, nährstoffarmen Moorseen.

Verbreitung: Vor allem N- und O-EU, jedoch selten; in D an der SW-Grenze des natürlichen Verbreitungsgebiets; sehr selten angepflanzt. **RL, §!**

Wissenswertes: Bei der K.S. sind die Pollensäcke der inneren Staubblätter oval, bei der Weißen Seerose dagegen immer linealisch. Neben Insekten- kommt auch Selbstbestäubung vor.

Gelbe Teichrose *Nuphar lutea*

FAMILIE SEEROSENGEWÄCHSE

Merkmale: Ausdauernde Schwimmblattpflanze; Blätter bis zu 2,5 m lang gestielt, Spreite bis zu 40 cm lang, Blattstiel im oberen Teil 3-kantig, Blattnerven verzweigen sich gabelig und laufen strahlenförmig zum Blattrand, dort im Gegensatz zur Weißen Seerose unverbunden; Blüten 4-6 cm breit, erheben sich 5-20 cm über die Wasserfläche, mit 5 gelben Blütenblättern und zahlreichen Nektarblättern, Narbenscheibe mit 15-20 Strahlen, Blütezeit VI-VIII.

Standort: Stehende und langsam fließende, wenig oder stärker nährstoffhaltige Gewässer.

Verbreitung: Überall in EU außer dem SW und dem hohen N, stellenweise durchaus häufig; in D von der Ebene bis ins Gebirge. **§!**

Wissenswertes: Schwebfliegen und Käfer bestäuben die duftenden Blüten. Die reifen Früchte sind schwimmfähig, die Samen werden aber auch von Wasservögeln verbreitet.

Zwerg-Teichrose *Nuphar pumila*

FAMILIE SEEROSENGEWÄCHSE

Merkmale: Ausdauernde Schwimmblattpflanze, die jedoch stets auch Unterwasserblätter aufweist; Blätter bis zu 1,5 m lang gestielt, Spreite 5-12 cm lang, Blattstiel im oberen Teil 2-kantig; Blüten nur 1-3 cm breit, leicht duftend, Narbenscheibe sternförmig, flach, mit 8-10 Strahlen, Blütezeit VI-IX.

Standort: Stehende, kalte, nährstoffarme Moor- und Gebirgsseen, meist mit sauren Torfschlammböden, vorzugsweise bei Wassertiefen zwischen 0,5 und 1,5 m; in den Alpen bis in 1000 m Höhe.

Verbreitung: Nördliches EU; in D sehr selten und nur in den Gebirgen sowie im Alpenraum. **RL, §!**

Wissenswertes: Die Z. ist eine nordisch-arktisch verbreitete Art und gilt an ihren wenigen Fundorten in M.-EU als ein Eiszeitrelikt. In Gebieten, in denen sie gemeinsam mit der Gelben Teichrose vorkommt, finden sich auch Bastarde zwischen den beiden Arten.

Frühlings-Adonisröschen
Adonis vernalis HAHNENFUSSGEWÄCHSE

Merkmale: Mehrjährig, bis zu 40 cm hoch; Stängel an der Basis mit bräunlichen Schuppen; Blätter mehrfach gefiedert mit feinen, zipfeligen Endabschnitten; Blüten 4-7 cm breit, mit 10-20 goldgelben Kronblättern, Blütezeit IV-V.
Standort: Trocken- und Steppenrasen, Kiefernwälder auf kalkhaltigen Böden.
Verbreitung: Südöstliches EU und W-Asien; in D sehr selten und an der NW-Grenze seiner Verbreitung; gelegentlich angepflanzt. **RL, §!**
Wissenswertes: Giftig! Die Samen werden von Ameisen verbreitet.

Sommer-Adonisröschen
Adonis aestivalis HAHNENFUSSGEW.

Merkmale: Einjährig, 25-50 cm hoch, Stängel kahl, wenig verzweigt; Blätter mehrfach gefiedert mit schmalen Zipfeln; Blüten 1-3 cm breit, mit 5-8 roten (selten blassgelben) Kronblättern, im Zentrum dunkles Farbmal, Blütezeit V-VII.
Standort: Getreidefelder und Hackfruchtäcker in den Kalkgebieten.
Verbreitung: Südöstliches EU; in D an der NW-Grenze der Verbreitung, fehlt im nördl. Tiefland. **RL**
Wissenswertes: Giftig! Das dunkle Farbmal leitet Blüten besuchende Insekten nach dem Zielscheiben-Prinzip zum reichlich vorhandenen Pollen.

Sumpf-Dotterblume *Caltha palustris*
FAM. HAHNENFUSSGEWÄCHSE

Merkmale: Mehrjährig, bis zu 40 cm hoch, Stängel verzweigt und dicht beblättert, hohl, kahl; Blätter herz- bis nierenförmig, glänzend dunkelgrün; Blüten 2-3 cm breit, mit 5 dottergelben, außen eher grünlichen Kronblättern und zahlreichen Staubblättern, Blütezeit IV-V.
Standort: Sumpfwiesen, Quellfluren, Bachauen, Auenwälder, im Gebirge bis in 2400 m Höhe.
Verbreitung: Außer dem S überall in EU.
Wissenswertes: Die für uns einheitlich gelb erscheinende Blüte besitzt ein im UV-Bereich stark absorbierendes Zentrum, das Insekten als dunkel wahrnehmen und davon angelockt werden.

Europäische Trollblume
Trollius europaeus HAHNENFUSSGEW.

Merkmale: Mehrjährig, bis zu 50 cm hoch mit unverzweigtem, aufrechtem Stängel; Blätter handförmig (mehrfach) geteilt, die oberen zunehmend einfacher gebaut; Blüten 3-5 cm breit, mit 5-15 Kronblättern, die sich zu einer Kugel zusammenneigen, Blütezeit V-VI.
Standort: Nasswiesen, Niedermoore, Staudenfluren im Bergland, Quellbereiche.
Verbreitung: M.- und NO-EU; in D ausschließlich östlich des Rheins, zunehmend seltener. **RL**
Wissenswertes: Zwischen den Kron- und den Staubblättern befinden sich schmale, linealische Nektarblätter.

Stinkende Nieswurz *Helleborus foetidus*
F. HAHNENFUSSGEWÄCHSE

Merkmale: Mehrjährig, wintergrün, 20-80 cm hoch; Blätter dunkelgrün, gestielt, handförmig geteilt mit 7-11 gezähnten Abschnitten; Blüten 1-2 cm lang, hellgrün, vorn rot umrandet, unangenehm riechend, glockig, nickend, zu mehreren in lockerer, einseitswendiger Rispe, Blütezeit II-V.
Standort: Trockene, steinige Hänge, Gebüsche, lichte Wälder, überwiegend auf kalkhaltigem Untergrund. Halbschattenpflanze.
Verbreitung: W- und SW-EU, in D an der O-Grenze seiner Verbreitung, nach N zunehmend seltener; gelegentlich als Zierpflanze verwendet.
Wissenswertes: Die in allen Teilen leicht giftige Pflanze ist nur zur Blütezeit auffällig.

Grüne Nieswurz *Helleborus viridis*
FAMILIE HAHNENFUSSGEWÄCHSE

Merkmale: Mehrjährig, bis zu 60 cm hoch, Stängel bis zum Blütenstand unbeblättert; Blätter sommergrün, handförmig geteilt, mit gesägten Abschnitten; Blüten hell- bis gelbgrün, ohne rötliche Umrandung, flach ausgebreitet, ohne unangenehmen Geruch, Blütezeit III-IV.
Standort: Tiefgründige, humusreiche, kalkhaltige Böden in Wäldern und Gebüschen.
Verbreitung: Südliches (M.-)EU; in D vom Tiefland bis in Gebirgsregionen, in den Alpen bis in etwa 1000 m Höhe.
Wissenswertes: Die leicht giftige G. N. wurde früher als Heilpflanze kultiviert und ist aus dieser Zeit stellenweise verwildert.

Gewöhnliche Akelei *Aquilegia vulgaris* FAMILIE HAHNENFUSSGEWÄCHSE

Merkmale: Mehrjährig, bis zu 80 cm hoch; Blätter doppelt 3-teilig mit rundlichen Abschnitten; Blüten blauviolett, hängend, bis 5 cm lang, alle 5 Blütenblätter nach hinten zu gekrümmten Spornen verlängert, Blütezeit V-VII. **Standort:** Bergwiesen, Gebüsche, lichte Wälder, trockene Hänge; auch in Gärten.
Verbreitung: In M.-EU weit verbreitet, in Großbritannien und Skandinavien eingebürgert. §!

Ähriges Christophskraut *Actaea spicata* HAHNENFUSSGEWÄCHSE

Merkmale: Mehrjährig, bis zu 60 cm hoch mit aufrechtem, wenig verzweigtem Stängel; Blätter wechselständig, lang gestielt, doppelt 3-zählig, riechen beim Zerreiben unangenehm; Blüten 4-zählig, klein, weiß, in dichten Trauben, Blütezeit V-VII; Beeren in der Reife glänzend schwarz, schwach giftig.
Standort: Schattige Schlucht- und Hangwälder.
Verbreitung: M.- und S-EU; in D im Mittelgebirge und in den Alpen.

Gelbe Wiesenraute *Thalictrum flavum* F. HAHNENFUSSGEWÄCHSE

Merkmale: Mehrjährig, bis zu 120 cm hoch, mit aufrechtem, verzweigtem Stängel; Blätter mehrfach gefiedert; Blüten zahlreich in endständigen Rispen mit kopfigen Büscheln, Staubblätter hellgelb, nicht keulig verdickt, wohlriechend, Blütezeit VI-VIII.
Standort: Moorwiesen, Gräben, Auengebüsche, typische Stromtalpflanze, die auf nassen Böden wächst.
Verbreitung: In EU weit verbreitet; in D selten und fast nur in den großen Flusstälern.

Feld-Rittersporn *Consolida regalis* FAMILIE HAHNENFUSSGEWÄCHSE

Merkmale: Einjährig, 20-50 cm hoch; Blätter mehrfach geteilt mit schmalen Zipfeln; Tragblätter der Blüten kürzer als die Blütenstiele; Blüten rückwärts mit einfachem, etwa 2 cm langem Sporn, Blütezeit V-VIII.
Standort: Nährstoffreiche Getreideäcker, Wegsäume, Trockenplätze, gern auf Kalk.
Verbreitung: In M.-EU weit verbreitet; früher eine vertraute Begleitart in der Feldflur, jedoch durch Herbizide stark zurückgegangen, meist nur noch in Gebieten mit dem Ackerrandstreifen-Schutzprogramm zu sehen. **RL**

Akeleiblättrige Wiesenraute *Thalictrum aquilegifolium* HAHNENF.G.

Merkmale: Mehrjährig, bis zu 120 cm hoch mit aufrechtem, verzweigtem Stängel; Blätter wechselständig, gestielt, mehrfach gefiedert; Blüten in endständigen Rispen, Kronblätter fallen frühzeitig ab, Bestäuber werden von den keulig verdickten, hellvioletten Staubblättern angelockt, Blütezeit V-VII.
Standort: Auenwälder, Hochstaudenfluren der Gebirge, Gebüsche, überwiegend auf Kalkböden.
Verbreitung: Südliches und östliches M.-EU.

Kleine Wiesenraute *Thalictrum minus* F. HAHNENFUSSGEWÄCHSE

Merkmale: Mehrjährig, bis zu 130 cm hoch, mit aufrechtem, ästigem Stängel; Blätter mehrfach gefiedert mit rundlichen bis keilförmigen Abschnitten, bläulich grün bereift; Blüten hellgelb, zahlreich in lockeren Rispen mit abstehenden Ästen, Blütezeit V-VI.
Standort: Sonnige Gebüsche, Waldränder, in lichten Eichenbeständen, meist auf Kalk.
Verbreitung: Im südlichen M.-EU sowie in S-EU; in D ziemlich selten. **RL**

Leberblümchen *Hepatica nobilis* FAMILIE HAHNENFUSSGEWÄCHSE

Merkmale: Mehrjährig, 10-15 cm hoch (ohne Stängel); Blätter grundständig, 3-lappig, erscheinen nach den Blüten, mitunter wintergrün; Blüten einzeln auf langen Stielen, 3 kelchartige Hochblätter, 6-10 blaue, selten rosa oder weiße Kronblätter, Blütezeit III-IV.
Standort: Gebüsche, Laubwälder, auf Kalk.
Verbreitung: M.-EU; in D westlich des Rheins fehlend; ferner O-Asien und N-Amerika.

Busch-Windröschen *Anemone nemorosa* F. HAHNENFUSSGEWÄCHSE

Merkmale: Mehrjährig, 5-20 cm hoch; grundständige Blätter gestielt, handförmig geteilt, Stängel mit 3-zähligem Hochblattquirl; Blüten einzeln, 2-4 cm breit, reinweiß oder hellrosa, mit 6 (-8) Kronblättern, Blütezeit II-IV.
Standort: Humusreiche Laubwälder, Gebüsche, Auen, Bergwiesen.
Verbreitung: In EU weit verbreitet, im S nur im Gebirge; in D häufig, stellenweise sogar massenhaft.

Winterling *Eranthis hyemalis* FAMILIE HAHNENFUSSGEWÄCHSE

Merkmale: Mehrjährige Pflanze, 5-15 cm hoch; grundständige Blätter meist erst nach der Blüte erscheinend, 5- bis 7-teilig, rundlich, außerdem 3 handförmig geteilte Stängelblätter, die dicht unterhalb der Blüte einen Quirl bilden; Blüte becherförmig, 2-4 cm breit, mit gestielten, röhrigen Nektarblättern zwischen den kräftig gelben Blütenhüllblättern und den zahlreichen Staubblättern, Blütezeit II-III.
Standort: Gebüsche, Obstwiesen, Wälder.
Verbreitung: Stammt ursprünglich aus S-EU, insbesondere SO-EU; in D meist nur in Parks und Gärten oder – selten – verwildert anzutreffen.

Gelbes Windröschen *Anemone ranunculoides* HAHNENFUSSGEW.

Merkmale: Mehrjährig, 10-20 cm hoch; grundständige Blätter erst nach der Blüte erscheinend, Stängelblätter zu 3 quirlständig, tief 3-teilig mit grob gezähnten Abschnitten; Blüten zu 1-2 gleich oberhalb des Blattquirls, Blütezeit III-V.
Standort: Auenwälder, feuchte Gebüsche, tiefgründig humusreiche Laubwälder.
Verbreitung: In M.-EU weit verbreitet, im S jedoch nur im Gebirge; in D ziemlich selten.

Gewöhnliche Küchenschelle *Pulsatilla vulgaris* HAHNENFUSSGEW.

Merkmale: Mehrjährig, 5-40 cm hoch; Blätter nach der Blüte erscheinend, mehrfach gefiedert mit schmalen, etwa 4 mm breiten Abschnitten, anfangs seidig behaart, später kahl; Blüten glockenförmig, aufrecht, 4-6 cm lang gestielt, blauviolett, Blütenblätter länger als die Staubblätter, Blütezeit III-IV; Nussfrüchte mit langem Federschweif, der sowohl der Verbreitung durch den Wind wie auch durch Tiere dient.
Standort: Magerrasen, Trockenwiesen, lichte Gebüsche, Kiefernwälder, meist auf Kalkböden.
Verbreitung: In M.-EU weit verbreitet, insgesamt jedoch selten, wo sie auftritt aber gesellig, durch Rückgang offener Schafweiden gefährdet. **RL §!**

Scharbockskraut *Ranunculus ficaria* FAMILIE HAHNENFUSSGEWÄCHSE

Merkmale: Mehrjährig, 5-15 cm hoch, mit liegendem Stängel; Blätter gestielt, herzförmig, gekerbt, glänzend dunkelgrün; Blüten 3-5 cm breit, mit 3 kelchartigen Hüllblättern und 8-12 kronblattartigen Nektarblättern, Blütezeit III-V; oft steril, vermehrt sich durch Brutknospen in den Blattachseln.
Standort: Auenwälder, Feuchtwiesen, Bachufer, Gräben, Obstgärten und Hecken.
Verbreitung: Überall in EU häufig; in D vom Tiefland bis ins Gebirge, in den Alpen bis 1400 m Höhe.

Scharfer Hahnenfuß *Ranunculus acris* F. HAHNENFUSSGEWÄCHSE

Merkmale: Mehrjährig, 30-120 cm hoch; Grundblätter lang gestielt, 3- bis 7-teilig tief gespalten, Stängelblätter sitzend, einfacher; Blüten goldgelb, auf runden Stielen in lockerer Rispe, Blütezeit V-VII (X).
Standort: Nährstoffreiche Wiesen (Düngungsanzeiger) sowie Gebüsche und Wegränder.
Verbreitung: In EU weit verbreitet; in D beinahe überall sehr häufig.

Kriechender Hahnenfuß *Ranunculus repens* HAHNENFUSSGEW.

Merkmale: Mehrjährig, 15-40 cm hoch, mit langen Ausläufern; Grundblätter 3-zählig mit lang gestieltem Endabschnitt; Blüten goldgelb, glänzend, auf langen, gefurchten Stielen, Blütezeit V-VIII.
Standort: Äcker, Brachen, Gartenland, Wegränder; Anzeiger für Lehmböden und Bodenverdichtung.
Verbreitung: In den gemäßigten Breiten durch Verschleppung heute weltweit häufig.

Brennender Hahnenfuß *Ranunculus flammula* HAHNENFUSSG.

Merkmale: Mehrjährige Pflanze, 20-30 cm hoch, mit liegenden oder aufsteigenden Stängeln; grundständige Blätter lanzettlich, in den Blattstiel verschmälert, Stängelblätter sitzend, schmal; Blüten bis 1,5 cm breit, einzeln oder in lockerer Rispe, Blütezeit V-IX. Giftig.
Standort: Ufer, Niedermoore, Sumpfwiesen, Röhrichte; durchwegs auf nährstoffreichen, kalkarmen Böden.
Verbreitung: In D wie in ganz EU weit verbreitet.

Gold-Hahnenfuß *Ranunculus auricomus* F. HAHNENFUSSGEWÄCHSE

Stängelblätter

Grundblatt

Merkmale: Mehrjährige, formenreiche Pflanze, 30-50 cm, meist kahl, grundständige Blätter lang gestielt, wenig geteilt, rundlich nierenförmig, Stängelblätter schmal; Blüten zu wenigen in lockeren Rispen auf runden, behaarten Stielen, kronblattartige Nektarblätter, die frühzeitig abfallen, Blütezeit III-V.
Standort: Auenwälder, lichte Laubwälder, Bergwiesen, Parks und Gärten.
Verbreitung: In D wie in ganz EU weit verbreitet.

Wasser-Hahnenfuß *Ranunculus aquatilis* HAHNENFUSSGEWÄCHSE

Merkmale: Mehrjährige, formenreiche Pflanze, deren flutende Stängel bis zu 2 m Länge erreichen; zweierlei Blätter: Schwimmblätter (Zeichnung) 3-teilig, Wasserblätter in dünne Zipfel zerteilt; Blüten einzeln in den oberen Blattachseln, bis zu 1,5 cm breit und bis 3 cm lang gestielt, weiße, kronblattartige Nektarblätter mit gelbem Saftmal, Blütezeit V-VIII.
Standort: Schwimmblattpflanzengürtel stehender oder träge fließender Gewässer.
Verbreitung: In ganz EU mit Ausnahme des N.

Flutender Hahnenfuß *Ranunculus fluitans* F. HAHNENFUSSGEWÄCHSE

Merkmale: Mehrjährig, mit flutenden Stängeln, die bis zu 5 m lang werden können; Blätter alle untergetaucht, mehrfach zipfelig geteilt, die fadenartig dünnen Endabschnitte bis zu 10 cm lang; Blüten etwa 2 cm breit, mit 5-12 weißen, am Grund gelben Nektarblättern, Blütezeit VI-VIII.
Standort: Kühle, nicht allzu schnell fließende Bäche und Flüsse; vorwiegend mit kiesigem Grund, selten auch in Schlammfluren.
Verbreitung: In M.- und W-EU ziemlich häufig.

Schöllkraut *Chelidonium majus*

FAMILIE MOHNGEWÄCHSE

Merkmale: Mehrjährig, 30-70 cm hoch, mit behaarten, verzweigten Stängeln; Blätter wechselständig, ungleich gelappt bis gefiedert, unterseits bläulich; Blüten zu 2-6 in lockeren Dolden, bis zu 2 cm breit, 4-zählig, Kelchblätter behaart, Narbe 2-lappig, Blütezeit V-IX; Frucht eine dünne, bis zu 5 cm lange Kapsel, Samen schwarz mit weißem, ölhaltigem Anhängsel zur Verbreitung durch Ameisen; alle Pflanzenteile mit gelbem Milchsaft.
Standort: Nährstoffreiche Böden, Gebüsche, Hecken, Wegränder, Gärten, Mauern.
Verbreitung: Fast überall in EU häufig.

Sand-Mohn *Papaver argemone*

FAMILIE MOHNGEWÄCHSE

Kapsel

Merkmale: Einjährig, 10-40 cm hoch, mit anliegend borstig behaartem Stängel; Blätter wechselständig, mehrfach fiedrig geteilt; Blüten lang gestielt, bis zu 5 cm breit, Kronblätter dunkelrot, vergleichsweise schmal, sodass sie sich meist nicht berühren, Pollensäcke nach oben keulig verdickt, Blütezeit V-VII; Samenkapsel viel länger als breit, borstig behaart, deutlich gerippt.
Standort: Wegränder, Getreide- und Hackfruchtäcker, Brachland.
Verbreitung: Ursprünglich im Mittelmeergebiet; in D regional verbreitet bis selten.

Schlaf-Mohn *Papaver somniferum*

FAMILIE MOHNGEWÄCHSE

Kapsel

Merkmale: Einjährige Pflanze, 40-120 cm hoch, meist kahl, mit ästigem, aufrechtem Stängel; Blätter bis zu 12 cm lang, buchtig bis tief eingeschnitten, bläulich bereift; Blüten bis zu 10 cm breit, violett, rosa oder weiß gefärbt, Blütezeit VI-VIII; Kapsel kugelig bis eiförmig, bis zu 5 cm lang. Alle Pflanzenteile giftig.
Standort: An Wegrändern und auf Brachland, meist aus dem Anbau (Ölpflanze) verwildert.
Verbreitung: Stammt vermutlich aus dem Mittelmeerraum; in D gelegentlich in Gärten.

Klatsch-Mohn *Papaver rhoeas*

FAMILIE MOHNGEWÄCHSE

Kapsel

Merkmale: Einjährig, 30-80 cm hoch, mit aufrechtem, ästigem, borstig und abstehend behaartem Stängel; Blätter wechselständig, fiederteilig bis gefiedert; Blüten endständig, bis zu 8 cm breit, feuerrot, am Grund oft mit dunklen Flecken, Kelchblätter fallen frühzeitig ab, Blütezeit V-VII; Frucht eine breit eiförmige Kapsel (Zeichnung).
Standort: Wegränder, Gärten, Ackerland, Schuttstellen; vorzugsweise auf nährstoffreichen Böden.
Verbreitung: S- und M.-EU; in D häufig.

Bastard-Mohn *Papaver hybridum*

FAMILIE MOHNGEWÄCHSE

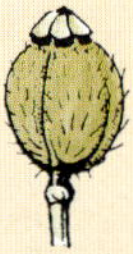
Kapsel

Merkmale: Einjährig, 20-60 cm hoch, mit ästigem, abstehend steif behaartem Stängel; Blätter mehrfach fiederteilig; Blüten 2,5-4,5 cm breit, ziegel- bis weinrot, im Zentrum mit schwarzem Fleck, auf anliegend behaarten Stielen, Staubbeutel bläulich, Pollensäcke nach oben nicht verdickt, Blütezeit V-VII; Kapsel eiförmig rundlich, dicht mit gelblichen Borsten besetzt.
Standort: Sandige Getreideäcker, Brachland, Schuttstellen, Wegränder.
Verbreitung: M.- und S-EU; in D durch Saatgutreinigung und Herbizideinsatz relativ selten geworden.

Gelber Hornmohn *Glaucium flavum*

FAMILIE MOHNGEWÄCHSE

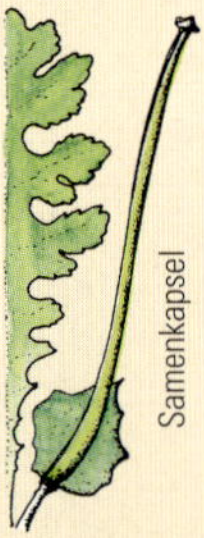
Samenkapsel

Merkmale: Zweijährig, bis 80 cm hoch, mit aufrechtem, ästigem Stängel; Blätter dicklich, grundständige bis zu 30 cm lang, fiederteilig, am Stängel kleiner mit umfassendem Grund, bläulich, alle Teile mit gelbem Milchsaft; Blüten bis zu 6 cm breit, Blütezeit VI-VII; Kapsel bis zu 25 cm lang.
Standort: Küstennahe Dünen, Kiesstrände, obere Spülsäume, auch Schuttplätze und Wegränder.
Verbreitung: Küstengebiete in W- und S-EU; anderswo gelegentlich eingebürgert oder verwildert.

Hohler Lerchensporn *Corydalis cava* FAMILIE ERDRAUCHGEWÄCHSE

Merkmale: Mehrjährig, bis 20 cm hoch; Blätter doppelt 3-zählig, kahl, bläulich grün; Blüten zu 10-20 in einer aufrechten Traube, Kronen purpurn, häufig auch weiß, seltener gelblich, Hochblätter zwischen den Blüten ungeteilt, Blütezeit III-V.

Standort: Humusreiche Laubwälder und Auen.

Verbreitung: In M.- und S-EU weit verbreitet, im nordwestlichen D selten, nach S zu häufiger.

Gefingerter Lerchensporn *Corydalis solida* ERDRAUCHGEWÄCHSE

Merkmale: Mehrjährig, 15-30 cm hoch; Blätter ähnlich wie beim Hohlen Lerchensporn; Blüten in aufrechter Traube, Kronen kräftig purpurn, selten hellrot oder weiß, mit geradem Sporn, Hochblätter zwischen den Blüten fingerförmig geteilt, Blütezeit III-V.

Standort: Gebüsche, Hecken, Auenwälder.

Verbreitung: In M.-EU weit verbreitet, in N-EU meist nur eingebürgert.

Gelber Lerchensporn *Pseudofumaria lutea* F. ERDRAUCHGEWÄCHSE

Merkmale: Mehrjährige Pflanze, 10-30 cm hoch mit verzweigtem Stängel und ohne unterirdische Knolle; Blätter 2- bis 3-fach gefiedert, grasgrün, kahl; Blüten zu je 8-15 in end- und seitenständigen Trauben, Kronen goldgelb, Blütezeit V-IX.

Standort: Kalkhaltige, sickerfrische Böden, auch Mauerspalten, Ruinen und Säume.

Verbreitung: Aus S-EU stammende Zierpflanze, in D in wintermilden Gebieten verwildert.

Gewöhnlicher Erdrauch *Fumaria officinalis* ERDRAUCHGEW.

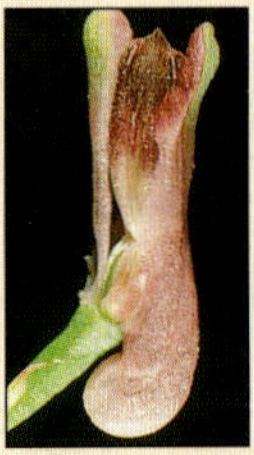

Merkmale: Einjährig, 10-30 cm, mit ästigem, dünnem, oft ausgebreitetem Stängel; Blätter doppelt gefiedert, kahl, beidseits bläulich grün; Blüten zu 20-40 in aufrechten Trauben, Kronen dunkelrot mit grünem Kiel, gespornt, 6-8 mm lang, Blütezeit IV-X. Schwach giftig.

Standort: Nährstoffreiche, lehmige Böden, Hackfruchtäcker, Gärten, Wegsäume, Schuttstellen.

Verbreitung: In EU mit Ausnahme des hohen N weit verbreitet; in D überall häufig.

Gewöhnliche Osterluzei *Aristolochiaclematitis* OSTERLUZEIGEW.

Merkmale: Mehrjährig, 30-80 cm hoch, unverzweigt; Blätter wechselständig, lang gestielt, herzförmig; Blüten zu mehreren in den Blattachseln, Krone hellgelb, 3-5 cm lang, tütenförmig, an der Basis bauchig, Blütezeit V-VI.

Standort: Auen, Gebüsche, Weinberge, Mauern.

Verbreitung: Stammt aus dem Mittelmeerraum; in D in den Weinbauregionen verwildert.

Wissenswertes: Die röhrige Blüte ist innen sehr glatt und mit einer Art Reuse aus Haaren versehen. Sie stellt eine Kesselfalle dar für Pollen transportierende Fliegen. Nach der Bestäubung der Narbe welkt die Blüte rasch, sodass die Besucher wieder freikommen.

Haselwurz *Asarum europaeum* FAMILIE OSTERLUZEIGEWÄCHSE

Merkmale: Mehrjährige Pflanze, 5-10 cm hoch, mit dickem, kriechendem, behaartem Stängel; Blätter rundlich nierenförmig, oberseits glänzend, wintergrün; Blüten einzeln, oft dem Boden aufliegend, Kronen urnenförmig, außen bräunlich, innen purpurn gefärbt, Kelch 3-zipfelig, Blütezeit III-V.

Standort: Laub- und Mischwälder, Auen, vorzugsweise auf Kalkböden.

Verbreitung: In M.- und O-EU weit verbreitet; fehlt in D nur westlich des Rheins.

Gewöhnlicher Hopfen *Humulus lupulus* FAMILIE HANFGEWÄCHSE

Merkmale: Mehrjährige, bis zu 6 m hohe Kletterpflanze (Rechtswinder); Blätter 3- bis 5-teilig gelappt, rau; zweihäusig, ♂ Blüten unscheinbar, in 5-10 cm langen Rispen in den Blattachseln, ♀ Blüten in lang gestielten, hellgrünen, 2-3 cm langen, zapfenähnlichen Scheinähren (»Hopfendolden«), Blütezeit VII-VIII.
Standort: Bevorzugt nährstoffreiche, sickerfeuchte, lockere Böden in Auwäldern und Ufergebüschen.
Verbreitung: In EU weit verbreitet, in D vor allem in den großen Flusstälern; regional auch in Stangenkulturen angebaut (nur ♀ Pflanzen).
Wissenswertes: Auf der Innenseite der Tragblätter der ♀ Blütenstände befinden sich Harzdrüsen, welche die Hopfenbitterstoffe bilden. Die Fruchtstände oder deren Extrakte dienen seit dem Mittelalter zur geschmacklichen Abrundung des Biers.

Hanf *Cannabis sativa* FAMILIE HANFGEWÄCHSE

Merkmale: Einjährig, 50-220 cm hoch, mit aufrechtem, kurzhaarigem Stängel; Blätter gegenständig, untere lang gestielt, obere sitzend, fingerförmig geteilt mit lanzettlichen, gesägten Abschnitten; zweihäusig, Blüten unscheinbar, ♂ in endständigen Rispen, ♀ in dichten Scheinähren, Blütezeit VII-VIII.
Standort: Äcker, Schuttstellen, Brachland.
Verbreitung: Stammt aus Asien, in D wieder zunehmend als Kulturpflanze oder gelegentlich unbeständig verwildert.
Wissenswertes: Hanf ist eine technisch vielseitig verwendbare Pflanze, die wegen Missbrauchs als Rauschdroge zu Unrecht in Verruf geraten ist. Zum Anbau zugelassen sind in D nur nahezu rauschgiftfreie Sorten, die entweder zur Öl- oder zur Fasergewinnung genutzt werden.

Große Brennnessel *Urtica dioica* FAMILIE BRENNNESSELGEWÄCHSE

Merkmale: Mehrjährig, 30-200 cm hoch, mit aufrechtem, unverzweigtem, 4-kantigem, faserigem Stängel; Blätter gegenständig, länglich oval, grob gesägt, wie der Stängel mit langen Brennhaaren besetzt; Pflanze zweihäusig, Blüten unscheinbar, grünlich, zahlreich in hellgrünen, aus den Blattachseln herabhängenden Rispen, Pollen werden aus explodierenden Staubbeuteln in kleinen Wolken freigesetzt, Blütezeit VI-X.
Standort: Wegränder, Brachland, Hecken, Schuttstellen, Wälder. Stickstoff-Zeigerpflanze.
Verbreitung: Überall in EU sehr häufig, in gemäßigten Breiten heute weltweit. Wildgemüse-, Heil- und Nutzpflanze (Nesseltuch).

Ähnlich: **Kleine Brennnessel** *Urtica urens*, einjährig, Blätter elliptisch bis eiförmig, mit Brennhaaren; einhäusig, Blütenstände bis 2 cm lang.

Aufrechtes Glaskraut *Parietaria officinalis* BRENNNESSELGEW.

Merkmale: Mehrjährig, bis 90 cm hoch, mit aufrechtem, einfachem oder wenig verzweigtem Stängel; Blätter wechselständig, gestielt, glattrandig, eiförmig rundlich, vorn spitz, 3-12 cm lang, oberseits dunkelgrün, ohne Brennhaare, meist kahl; Blüten eingeschlechtig ♀ oder zwittrig, unscheinbar grünlich rot getönt, zu kugeligen Büscheln zusammengefasst, Blütezeit VI-X.
Standort: Sonnige, aber sickerfeuchte, humus- und nährstoffreiche Mauerfugen und Mauerfüße, Auenwälder, Flussufer im Siedlungsraum.
Verbreitung: In S- und SW-EU beheimatet, in D in den Wärmegebieten seit langem eingebürgert, im unteren Neckar-, Mittelrhein- und Moseltal stellenweise häufig, sonst ziemlich selten.
Wissenswertes: Das A.G. ist vermutlich ein Alteinwanderer aus der Römerzeit, könnte aber auch aus Gartenkultur verwildert sein.

Nelkengewächse und ihre Verwandten

Eines der auffälligsten Merkmale der in einer eigenen Unterklasse zusammengefassten Verwandtschaft der Nelkenartigen sind die zahlreichen, im Fruchtknoten an einer zentralen Säule sitzenden Samenanlagen. Während die oft sehr farbintensiven Blüten der Nelkengewächse ihre Tönung Anthocyan-Farbstoffen verdanken, wie sie auch bei allen anderen Blütenpflanzen vorkommen, stellen ihre nächsten Verwandten, z.B. die Gänsefußgewächse, in dieser Hinsicht Ausnahmen dar. Sie enthalten in Blüten und Blättern völlig anders aufgebaute Farbstoffe, die man als Betalaine bezeichnet – benannt nach der Roten Bete, einer zu dieser Familie gehörenden Nutzpflanze. Der äußere Farbeindruck lässt dabei nicht erkennen, zu welcher Farbstoffklasse die jeweiligen Pigmente gehören. Während die betont blumigen Nelkengewächse durchweg von Insekten bestäubt werden, sind die Gänsefußgewächse überwiegend windblütig. Zudem umfasst diese Familie viele ökologische Spezialisten, von denen etliche auf den von Meersalz durchsetzten Schlickböden der Küsten vorkommen, andere Siedlungsbiotope bevorzugen, deren Böden sich durch einen hohen Stickstoffgehalt auszeichnen.

Rote Lichtnelke

Niederliegendes Mastkraut

Sagina procumbens NELKENGEWÄCHSE

Merkmale: Mehrjährig, mit liegendem, verzweigtem, 1-5 cm langem Stängel; Blätter gegenständig, bis 1,5 cm lang und um 1 mm breit, schmal linealisch, kahl; Blüten um 2 mm breit, 4- oder 5-zählig, Kelchblätter größer als die Kronblätter, Blütezeit V-X.

Standort: Nährstoffreiche, kalkarme Böden von Pflasterfugen, Äckern, Wegen und Gärten.

Verbreitung: In M.- und S-EU häufig.

Quendelblättriges Sandkraut

Arenaria serpyllifolia NELKENGEWÄCHSE

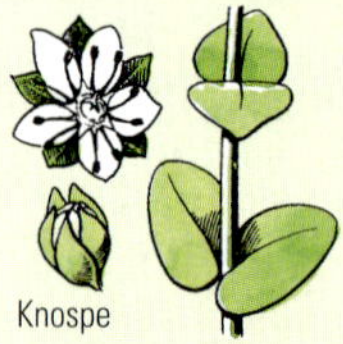

Merkmale: Ein- bis zweijährige, stark verzweigte, bis zu 20 cm hohe Pflanze; Blätter gegenständig, sitzend, eiförmig, spitz, höchstens 1 cm lang, am Rand gewimpert; Blüten 5-zählig, 6-8 mm breit, mit schmalen, weißen Kronblättern, Blütezeit V-IX.

Standort: Sandige, steinige Böden, Dämme, Gleiskörper, Wege, Plätze und Binnendünen.

Verbreitung: In D wie in ganz EU weit verbreitet.

Vogel-Sternmiere *Stellaria media*

FAMILIE NELKENGEWÄCHSE

Merkmale: Einjährig, Stängel 10-30 cm lang, liegend, verzweigt, zwischen den Blattknoten mit einzelner Haarleiste; Blätter eiförmig, spitz, kurz gestielt bis sitzend; Blüten 4-7 mm breit, Kronblätter weiß, tief 2-spaltig, so lang wie die Kelchblätter, Blütezeit I-XII.

Standort: Nährstoffreiche Böden von Hackfruchtäckern, Gärten, Parkrasen und Rebfluren.

Verbreitung: Die auch als Vogelmiere bekannte Pflanze ist fast überall in EU sehr häufig.

Große Sternmiere *Stellaria holostea*

FAMILIE NELKENGEWÄCHSE

Merkmale: Mehrjährig, 10-40 cm hoch, mit 4-kantigem, ästigem Stängel; Blätter gegenständig, starr, 3-7 cm lang, schmal lanzettlich; Blüten bis 2 cm breit, lang gestielt zu 6-15 in einem mehrfach gabelteiligen Blütenstand, Kronblätter weiß, tief 2-spaltig, Blütezeit IV-VI.

Standort: Sandig-lehmige, mäßig saure Böden in Laub- und Mischwäldern, auf Waldlichtungen, in Gebüschen.

Verbreitung: Überall in EU häufig.

Hain-Sternmiere *Stellaria nemorum*

FAMILIE NELKENGEWÄCHSE

Merkmale: Mehrjährig, etwa 20-50 cm hoch, mit aufrechtem, ringsum behaartem Stängel und Ausläufern; Blätter gegenständig, länglich herzförmig, am Rand bewimpert; Blüten 1-2 cm breit, zu wenigen an den Stängelenden, Kronblätter tief eingeschnitten, 3 Narben, Blütezeit V-IX.

Standort: Feuchte, schattige Hangwälder.

Verbreitung: In EU weit verbreitet, aber weniger häufig als die Große Sternmiere.

Acker-Hornkraut *Cerastium arvense*

FAMLIE NELKENGEWÄCHSE

Merkmale: Mehrjährige, an den Knoten wurzelnde Pflanze mit aufrechten, bis zu 30 cm hohen Blütentrieben und kürzeren sterilen Sprossen, dicht kurzhaarig; Blätter länglich, grün, in den Achseln nicht selten mit ganzen Blattbüscheln; Blüten bis zu 2 cm breit, zu 5-15 in einem gabeligen Blütenstand beieinander stehend, Kronblätter weiß, zu 1/4 eingekerbt, Blütezeit IV-IX.

Standort: Äcker, Wegränder, Trockenwiesen, Dünen, Dämme und Mauern.

Verbreitung: In EU fast überall häufig.

Gewöhnliches Seifenkraut
Saponaria officinalis NELKENGEWÄCHSE

Merkmale: Mehrjährige, kräftige Pflanze mit liegenden bis aufrechten Stängeln, bis 60 cm hoch; Blätter gegenständig, lanzettlich bis breit elliptisch, 5-10 cm lang; Blüten zahlreich in endständigen Büscheln, bis 3 cm breit, Kronblätter weißlich oder rosa, Blütezeit VII-IX.
Standort: Brachland, Wegränder, Flussauen, Ufer, Kiesbänke.
Verbreitung: In M.- und S-EU weit verbreitet.

Kuckucks-Lichtnelke *Lychnis flos-cuculi*
FAMILIE NELKENGEWÄCHSE

Merkmale: Mehrjährig, etwa 30-80 cm hoch, mit aufrechtem, verzweigtem Stängel; grundständige Blätter spatelförmig, Stängelblätter linealisch; Blüten bis zu 4 cm breit, Kelch rötlich, Kronblätter fleischfarben, tief 4-spaltig, Blütezeit IV-VI.
Standort: Wiesen, Waldränder, Gräben, fehlt zumeist in den Kalkgebieten.
Verbreitung: In ganz EU mit Ausnahme des S.

Weiße Lichtnelke *Silene latifolia*
FAMILIE NELKENGEWÄCHSE

Merkmale: Mehrjährige, bis zu 100 cm hohe Pflanze mit aufrechtem, verzweigtem Stängel; Blätter breit lanzettlich; zweihäusig, Blüten bis zu 2 cm breit, weiß oder leicht rosa, öffnen sich erst abends, werden von Nachtfaltern bestäubt (Pflanze daher auch Nachtnelke genannt), Blütezeit VI-IX.
Standort: Äcker, Wegränder, Gebüsche, Säume, auf mäßig trockenen Böden.
Verbreitung: In EU weit verbreitet und häufig.

Gewöhnliche Lichtnelke
Silene vulgaris FAM. NELKENGEWÄCHSE

Merkmale: Mehrjährige, bis zu 50 cm hohe Pflanze mit aufrechtem, nicht klebrigem Stängel; Blätter bläulich grün, kahl, länglich eiförmig bis lanzettlich; Blüten mit stark aufgeblasenem, netzadrigem, rötlichem Kelch (daher auch Taubenkropf-Leimkraut oder Aufgeblasenes Leimkraut genannt), Kronblätter weiß, tief 2-spaltig, Blütezeit VI-VIII.
Standort: Trockenrasen, Felsen, Böschungen, Gebüsche und Wegränder.
Verbreitung: Nahezu überall in EU anzutreffen.

Rote Lichtnelke *Silene dioica*
FAMILIE NELKENGEWÄCHSE

Merkmale: Mehrjährig, bis zu 100 cm hoch, mit aufrechtem Stängel; Blätter gegenständig, schmal eiförmig, behaart; zweihäusig, Blüten bis zu 2,5 cm breit, in gabeligem, endständigem Blütenstand, Kronen rot oder rosa, mit weißer Nebenkrone, Blütezeit IV-IX.
Standort: Gebüsche, Waldränder, Wiesen und Ufer.
Verbreitung: In EU fast überall häufig, fehlt im SO.
Wissenswertes: Anders als die weiß blühenden Arten ist die R. L. ein Tagblüher und wird nicht von Nachtfaltern, sondern von Hautflüglern bestäubt.

Nickende Lichtnelke *Silene nutans*
FAMILIE NELKENGEWÄCHSE

Merkmale: Mehrjährig, bis zu 50 cm hoch, mit unverzweigtem, meist klebrig behaartem Stängel; Grundblätter spatelig, Stängelblätter lanzettlich; Blüten nickend, vor dem Aufblühen in einseitig überhängendem Blütenstand, Kronblätter weiß oder hellrosa, schmal, tief 2-spaltig, Blütezeit VI-VIII.
Standort: Trockene Magerrasen, Felsfluren, lichte Eichenwälder, vor allem auf kalkhaltigen Böden.
Verbreitung: In EU weit verbreitet; in D vor allem im S häufiger, auch in den Alpen.
Wissenswertes: Wegen des klebrigen Stängels wird die Pflanze auch Nickendes Leimkraut genannt. Ihre Blüten öffnen sich erst abends und beginnen dann intensiv zu duften.

Korn-Rade *Agrostemma githago*

FAMILIE NELKENGEWÄCHSE

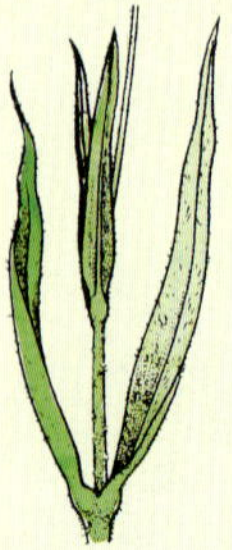

Merkmale: Einjährig, bis 100 cm hoch, Stängel locker verzweigt; Blätter gegenständig, linealisch-lanzettlich, grau behaart; Blüten einzeln, lang gestielt, bis 4 cm breit, Kronblätter purpurrot, von Zipfeln der Kelchblätter überragt, Blütezeit VI-IX.
Standort: Getreideäcker, Brachland, Wegränder, Säume.
Verbreitung: Früher in Äckern häufig, durch Herbizideinsatz stark zurückgedrängt.

Kartäuser-Nelke *Dianthus carthusianorum*

FAMILIE NELKENGEWÄCHSE

Merkmale: Mehrjährig, bis 50 cm hoch, Stängel dünn, kahl; Blätter an der Basis scheidig verwachsen; Blüten bis 2,5 cm breit und 2-3 cm lang, zu 5-10 in endständigen Büscheln, umgeben von schuppenartigen Hochblättern, Kronblätter am Rand gezähnt, Blütezeit VI-IX.
Standort: Trockengebüsche, Halbtrockenrasen, Böschungen.
Verbreitung: In M.-EU weit verbreitet.

Heide-Nelke *Dianthus deltoides*

FAMILIE NELKENGEWÄCHSE

Merkmale: Mehrjährige, bis zu 40 cm hohe Pflanze mit verzweigtem, kurz behaartem Stängel; Blätter am Rand rau; Blüten lang gestielt, bis zu 1,8 cm breit, Außenkelch aus 2 bräunlichen Schuppen, Kronblätter purpurrot, vorn gezähnt, mit weißen Flecken, Blütezeit VI-IX.
Standort: Trockenwiesen, Magerrasen, Heiden, auf Sandböden.
Verbreitung: In EU verbreitet, in D jedoch meist zerstreut bis selten.

Raue Nelke, Büschel-Nelke *Dianthus armeria*

NELKENGEWÄCHSE

Merkmale: Zweijährige, bis zu 60 cm hohe, verzweigte Pflanze; Blätter schmal lanzettlich, ebenso wie Stängel rau behaart; Blüten bis 1 cm breit, zu 2-10 kurz gestielt in endständigen Büscheln, Kronblätter purpurn, dunkler gepunktet, Blütezeit VI-VII.
Standort: Waldsäume, Trockengebüsche, Magerrasen; meidet Kalkböden.
Verbreitung: In M.- und S-EU, insbesondere in den Mittelgebirgen; fehlt im NW von D.

Pracht-Nelke *Dianthus superbus*

FAMILIE NELKENGEWÄCHSE

Merkmale: Mehrjährige, bis 60 cm hohe Pflanze mit wenig verzweigtem, aufrechtem Stängel; Blätter gegenständig, linealisch-lanzettlich, frischgrün, kahl; Blüten bis zu 6 cm breit, Kronblätter rosa bis hellviolett, bis über die Mitte in lauter schmale, unregelmäßige Zipfel zerschlitzt, Blütezeit VI-IX.
Standort: Heiden, Moorwiesen, lichte Wälder, vorzugsweise auf mäßig saurem Boden, im Gebirge bis in 2400 m Höhe.
Verbreitung: In M.-EU zerstreut; fehlt in D nördlich der Mainlinie weitgehend.

Pfingst-Nelke *Dianthus gratianopolitanus*

FAMILIE NELKENGEWÄCHSE

Merkmale: Mehrjährige, in dichten Rasen wachsende Pflanze, bis zu 25 cm hoch; Blätter gegenständig, blaugrün, spitz; Blüten lang gestielt, einzeln, bis 2,5 cm breit, Kronblätter hellpurpurn bis rosa, vorn unregelmäßig gezähnt, Blütezeit VI-VIII.
Standort: Felsgebüsche, Trockenhänge, lichte Kiefernwälder, auf Kalk- und Silikatfels.
Verbreitung: Hauptsächlich M.-EU, jedoch selten; im nordwestlichen D bis zum Ahrtal. **RL**

Weißer Gänsefuß *Chenopodium album* FAM. GÄNSEFUSSGEWÄCHSE

Merkmale: Einjährige, formenreiche, bis zu 2 m hohe, ästig verzweigte Pflanze mit aufrechtem oder aufsteigendem Stängel; Blätter wechselständig, rautenförmig bis lanzettlich, oft buchtig gelappt, bläulich grün, mehlig überlaufen; Blüten unscheinbar weißlich grün, sehr zahlreich in Rispen, Blütezeit VII-IX.
Standort: Äcker, Gärten, Wegränder, Bahndämme, Brachen, Schuttstellen; Stickstoff-Anzeiger.
Verbreitung: In EU nahezu überall häufig.

Strand-Salzmelde *Halimione portulacoides* F. GÄNSEFUSSGEWÄCHSE

Merkmale: Mehrjährige, bis zu 50 cm hohe Pflanze mit aufsteigenden, am Grund verholzten Stängeln; Blätter silbrig graugrün, dicklich, unten gegen-, weiter oben wechselständig, eiförmig, bis 5 cm lang; Blüten unscheinbar grünlich, eingeschlechtig, zahlreich in knäueligen Trauben, Blütezeit VII-X.
Standort: Salzige Böden, Salzwiesen, Prielränder.
Verbreitung: NW-Europa; in D nur an der Nordsee.

Strand-Melde *Atriplex littoralis* FAMILIE GÄNSEFUSSGEWÄCHSE

Merkmale: Einjährige, bis zu 70 cm hohe, stark verzweigte Pflanze mit liegenden oder aufsteigenden Stängeln; Blätter anfangs grauschuppig, später kahl, linealisch-lanzettlich, fleischig, fast glattrandig; Blüten unscheinbar, eingeschlechtig, in grünlichen, dichten Knäueln beieinander sitzend, Blütezeit VII-IX; Früchte nur bis zu 1 mm groß, einsamig.
Standort: Spülsäume, salzige Schlickböden.
Verbreitung: An der Nord- und Ostseeküste.

Spieß-Melde *Atriplex prostrata* FAMILIE GÄNSEFUSSGEWÄCHSE

Merkmale: Einjährige, etwa 30-90 cm hohe Pflanze mit liegendem oder aufrechtem Stängel; Blätter wechselständig, dreieckig spießförmig, glattrandig oder gezähnt; Blüten eingeschlechtig, grünlich, zahlreich in einer knäueligen Ährenrispe, Blütezeit VI-IX.
Standort: Brachland, Schuttstellen, Müllplätze, Gräben, Spülsäume an der Küste; Stickstoff-Anzeiger.
Verbreitung: Fast überall in EU häufig.

Queller *Salicornia europaea* FAMILIE GÄNSEFUSSGEWÄCHSE

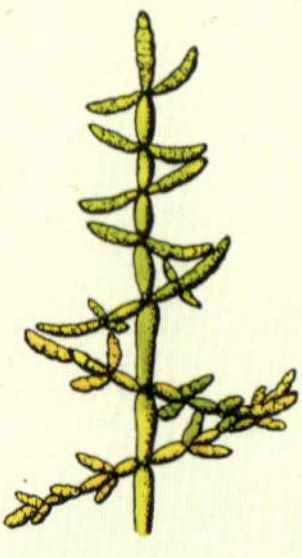

Merkmale: Vielgestaltige, einjährige Pflanze mit verzweigten, liegenden oder aufrechten, dickfleischigen Stängeln, die ab dem Spätsommer prächtig blut- bis karminrot gefärbt sind; Blätter zu kleinen Schuppen reduziert; Blüten unscheinbar und winzig, in kleinen Vertiefungen am Spross versteckt sitzend, Blütezeit VIII-X.
Standort: Stark salzhaltige Schlickböden.
Verbreitung: Meeresküsten von EU, Salzquellen.

Strand-Sode *Suaeda maritima* FAMILIE GÄNSEFUSSGEWÄCHSE

Merkmale: Einjährige Pflanze mit liegenden oder an den Enden aufsteigenden Stängeln, etwa 10-30 cm hoch; Blätter sitzend, meist wechselständig, linealisch, dickfleischig, 1-4 cm lang, spitz, auf der Oberseite abgeflacht, unten gewölbt, blaugrün; Blüten winzig und unscheinbar, zu wenigen in den Blattachseln, Blütezeit VII-X.
Standort: Salzhaltige Schlickböden.
Verbreitung: Meeresküsten von EU, insbesondere Nord- und Ostseeküste.

Vogel-Knöterich *Polygonum aviculare* FAMILIE KNÖTERICHGEWÄCHSE

Merkmale: Einjährige Pflanze mit 10-50 cm langen, liegenden oder wenig aufgerichteten, dunkel gestreiften Stängeln; Blätter wechselständig, sitzend, elliptisch, 1-3 cm lang, bis 7 mm breit; Blüten zu wenigen in den Blattachseln, rötlich, Blütezeit VI-X.
Standort: Äcker, Gärten, Wege, Schuttstellen, Pflasterfugen; Leitpflanze der sog. Trittvegetation.
Verbreitung: In EU häufig, heute weltweit.

Wiesen-Knöterich *Polygonum bistorta* FAMILIE KNÖTERICHGEWÄCHSE

Blütenstand

Merkmale: Mehrjährig, 50-120 cm hoch, mit aufrechtem Stängel; Grundblätter gestielt, länglich, Stängelblätter sitzend, mit herzförmiger Basis; Blüten zahlreich in walzenförmiger, bis zu 5 cm langer Scheinähre, Kronblätter rötlich weiß, Blütezeit V-VII.
Standort: Bach- u. Grabenränder, Feucht- und Nasswiesen, Niedermoore, Staudenfluren.
Verbreitung: M.-EU, jedoch fast nur im Bergland.

Wasser-Knöterich *Polygonum amphibium* FAM. KNÖTERICHGEWÄCHSE

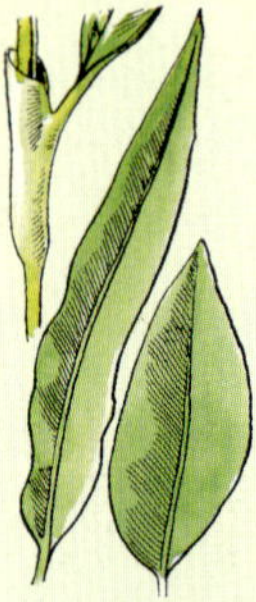

Merkmale: Mehrjährig, bis 70 cm hoch, im Wasser mit flutendem, an Land mit aufrechtem Stängel; Wasserblätter bis zu 15 cm lang, schmal oval, kahl, Landblätter bis 10 cm, lanzettlich und behaart; Blüten in dichten, aufrechten Scheinähren, Kronen rosa, Blütezeit VI-IX.
Standort: Stehende Gewässer, Nasswiesen, Röhricht.
Verbreitung: Fast überall in EU verbreitet.

Floh-Knöterich *Polygonum persicaria* FAM. KNÖTERICHGEWÄCHSE

Merkmale: Einjährige, bis zu 75 cm hohe Pflanze mit verzweigtem, liegendem oder aufsteigendem Stängel; Blätter mit borstig bewimperter Scheide, lanzettlich, auf der Oberseite oft dunkel gefleckt; Blüten in gestielter Scheinähre, rosa, Blütezeit VII-X.
Standort: Äcker, Gärten, Wegränder, Gräben, Brachland; Stickstoff-Anzeiger.
Verbreitung: Fast überall in EU häufig.

Buchweizen *Fagopyrum esculentum* FAM. KNÖTERICHGEWÄCHSE

Merkmale: Einjährige, bis zu 60 cm hohe Pflanze mit aufrechtem, zumeist rötlichem Stängel; Blätter pfeilförmig mit herzförmiger Basis, Nebenblätter tütenförmig verwachsen; Blüten in Schirmtrauben, nektarreich, Kronen weiß oder rosa, Blütezeit VII-X.
Standort: Äcker, Schuttstellen, Wegränder.
Verbreitung: In M.- und S-EU verbreitet.
Wissenswertes: Die stärkereichen, kantigen Nussfrüchte dieser alten Kulturpflanze sind heute noch in vielen Ländern ein wichtiges Nahrungsmittel.

Japan. Staudenknöterich *Reynoutria japonica* KNÖTERICHGEW.

Merkmale: Mehrjährige, bis 3 m hohe Pflanze mit kräftigen, verzweigten, mitunter bogig überhängenden Stängeln; Blätter wechselständig, gestielt, höchstens 20 cm lang, an der Basis gestutzt, vorn spitz, Blattstiele oft rötlich; Blüten weiß, zahlreich in Rispen in den Blattachseln und am Stängelende, Blütezeit VII-IX.
Standort: Waldsäume, Gräben, Ufer, Brachen.
Verbreitung: Stammt aus O-Asien, um 1825 als Zier- und Bienenpflanze sowie zur Wildäsung bei uns eingeführt, breitet sich seit 1950 stark aus.

Knäuel-Ampfer *Rumex conglomeratus* FAMILIE KNÖTERICHGEWÄCHSE

Merkmale: Mehrjährig, bis zu 80 cm hoch, mit aufrechtem, verzweigtem Stängel; Blätter länglich oval, Grundblätter gestielt, bis zu 25 cm lang, obere Stängelblätter sitzend; Blüten unscheinbar grünlich, in quirlständigen, dichten Knäueln mit jeweils eigenem Tragblatt, Blütezeit VII-IX.
Standort: Waldlichtungen, Wegränder, Gräben, auf stickstoffreichen, frischen Böden.
Verbreitung: In EU weit verbreitet, aber nicht besonders häufig, fehlt im Bergland.

Stumpfblättriger Ampfer *Rumex obtusifolius* KNÖTERICHGEW.

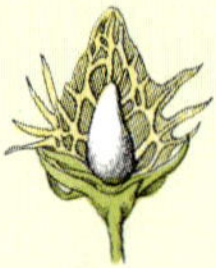

Merkmale: Mehrjährige, bis zu 120 cm hohe Pflanze mit aufrechtem Stängel; Blätter an der Basis herzförmig und vorn stumpf gerundet, bis zu 40 cm lang; Blütenstand ohne Blätter, Blüten unscheinbar grünlich, Blütenhüllblätter fransig gezähnt (Zeichnung), Blütezeit VI-VIII.
Standort: Brachland, Schuttplätze, Wegränder, vorzugsweise auf stickstoffreichen Böden.
Verbreitung: In EU weit verbreitet und beinahe überall ziemlich häufig.

Wiesen-Sauerampfer *Rumex acetosa* KNÖTERICHGEWÄCHSE

Merkmale: Mehrjährige, bis zu 120 cm hohe Pflanze mit aufrechtem Stängel; Grundblätter gestielt, Stängelblätter sitzend, Spreiten mit abwärts gerichteten Spießecken, Blätter werden als Wildgemüse verwendet, schmecken durch Oxalsäure säuerlich; zweihäusig, Blüten rötlich grün in schlanken Rispen, Blütezeit V-VI.
Standort: Wiesen, Weiden, Brachen, Wegränder, vorzugsweise auf lockeren Lehmböden.
Verbreitung: Überall in EU häufig.

Kleiner Sauerampfer *Rumex acetosella* FAM. KNÖTERICHGEWÄCHSE

Merkmale: Mehrjährige, bis zu 30 cm hohe Pflanze mit aufrechtem, wenig verzweigtem Stängel; Blätter schmal lanzettlich mit meist aufwärts gebogenen Spießecken; zweihäusig, Blüten klein, grünlich rot, in schlanken Rispen, Blütezeit V-VII.
Standort: Trockene Sandfluren, Dünen, Trockenwiesen, Wegränder, meidet Kalkböden.
Verbreitung: In EU weit verbreitet; in D überall ziemlich häufig.

Krauser Ampfer *Rumex crispus* FAMILIE KNÖTERICHGEWÄCHSE

Merkmale: Formenreich, mehrjährig, mit aufrechtem, verzweigtem Stängel, 50-120 cm hoch; Blätter gestielt, Spreite ledrig, 6-8 cm breit und bis zu 30 cm lang, zugespitzt, am Rand wellig kraus; Blüten in dichten Knäueln; Blütenhüllblätter wenig gekerbt und ohne Fransen, Blütezeit VI-VIII.
Standort: Gärten, Äcker, Wegränder; auf feuchten, nährstoffreichen, dichten Lehm- und Tonböden; so genannter Rohbodenpionier.
Verbreitung: In EU weit verbreitet, in D fast überall häufig, stellenweise lästiges Wildkraut.

Schild-Sauerampfer *Rumex scutatus* FAMILIE KNÖTERICHGEWÄCHSE

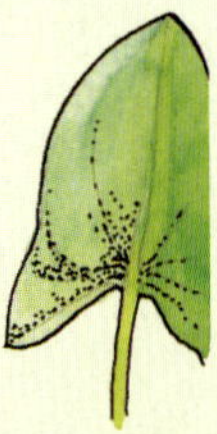

Merkmale: Mehrjährige Pflanze mit liegendem oder reich verzweigtem Stängel, 20-40 cm hoch; Blätter eher rundlich, 2-6 cm lang und fast ebenso breit, bläulich grün, an der Basis mit 2 breiten Spießecken; zweihäusig, Blüten gestielt, ohne Tragblätter, rötlich grün, zu wenigen in lockerer Rispe, Blütezeit V-VIII.
Standort: Offene, besonnte, feinerdearme Steinschutt- und Geröllböden, Mauern, Wegränder.
Verbreitung: In EU weit verbreitet, aber zerstreut, im südlichen Bergland bis in über 2000 m Höhe.

Strand-Grasnelke *Armeria maritima* FAMILIE BLEIWURZGEWÄCHSE

Merkmale: Formenreiche, mehrjährige Pflanze, die in dichten, horstartigen Polstern wächst; Blätter grasartig, linealisch, ledrig dicklich, dunkelgrün, zahlreich in dichter Rosette; Blütenstand kopfig, auf langem, blattlosem Schaft, bis zu 30 cm lang, unter der Blütenregion mit 2 häutigen Hüllblättern, Köpfchen kugelig, bis zu 3 cm breit, Kronen trichterförmig, rosarot, Blütezeit V-IX.

Standort: Graudünen, Strandrasen und Salzwiesen, Klippen an der Küste; bildet oft ausgedehnte Bestände und prägt zur Blütezeit das Erscheinungsbild großer Küstenabschnitte.

Verbreitung: Im Küstenraum in EU weit verbreitet und häufig. In den Alpen und auf Schwermetallböden kommen eigene, jedoch sehr ähnlich aussehende Sippen dieser Pflanze vor.

Strandflieder *Limonium vulgare* FAMILIE BLEIWURZGEWÄCHSE

Merkmale: Bis etwa 50 cm hohe, mehrjährige Pflanze; Blätter alle in grundständiger Rosette, immergrün, ledrig, oval, spatelig in den Blattstiel verschmälert, 2-4 cm breit und 5-20 cm lang; Blüten in zahlreichen kleinen Knäueln, diese in einseitswendig verzweigter Rispe, Kronen blauviolett, 3-8 mm lang, Blütezeit VII-IX.

Standort: Salz- und Wattwiesen im gelegentlich überfluteten Außendeichland; ausgedehnte und individuenreiche Bestände in Salzwiesen nahe der (Springtiden-)Hochwassermarke.

Verbreitung: An der Nordsee zerstreut, an der Ostsee sehr selten. **RL, §!**

Wissenswertes: In Nordfriesland wird die Pflanze auch Halligflieder genannt. Ihre Blätter können über spezielle Drüsen aktiv Salz ausscheiden.

Zurückgekrümmter Fuchsschwanz *Amaranthus retroflexus*

Merkmale: Einjährige, bis zu 150 cm hohe Pflanze mit aufrechtem, flaumig behaartem Stängel; Blätter wechselständig, gestielt, Spreite rhombisch, 3-5 cm breit und bis zu 10 cm lang, unterseits nur auf den Blattnerven behaart; Blüten unscheinbar grünlich, zahlreich in dichten, endständigen Ähren, Blütezeit VII-IX.

Standort: Wegränder, Brachen, Schuttstellen, Bahn- und Hafengelände, Warenlager.

Verbreitung: Stammt aus Nordamerika, in den Wärmegebieten des südlichen M.-EU weit verbreitet, aber meist nur unbeständig.

Wissenswertes: Neben der auch unter dem Namen Amarant bekannten Pflanze aus der Familie der Fuchsschwanzgewächse kommen in M.-EU noch weitere Fuchsschwanz-Arten vor, die meist erst im 19. Jh. aus N-Amerika oder dem Mittelmeerraum eingeschleppt wurden.

Tellerkraut *Claytonia perfoliata* FAMILIE PORTULAKGEWÄCHSE

Merkmale: Einjährige, bis 20 cm hohe Pflanze mit rhizomartigem Stängel; Grundblätter lang gestielt, in einer Rosette stehend, Spreite länglich-eiförmig, bis 1,5 cm breit und 1-3 cm breit, vorn zugespitzt, unterhalb der Blütenstände mit paarweise kreisförmig-tellerähnlich verwachsenen Hochblättern; Blüten unscheinbar grünlich weiß, bis 8 mm breit, in endständigen Rispen, Blütezeit V-VI.

Standort: Gärten, Baumscheiben, Friedhöfe, Parkanlagen, Mauern, überwiegend auf trockenen, nährstoffreichen Böden.

Verbreitung: Die auch Claytonie genannte Art stammt ursprünglich aus dem pazifischen N-Amerika. Sie wurde in M.-EU zeitweise recht häufig als Salatpflanze kultiviert (»Kubaspinat«) und ist in wintermilden Gegenden (vor allem in der nördlichen Weinbauregion) in kleinräumigen, aber individuenreichen Beständen verwildert.

Kreuzblütengewächse und ihre Verwandten

Die in diesem Kapitel behandelten Pflanzenfamilien fasste man innerhalb der Zweikeimblättrigen früher zu einer gemeinsamen Unterklasse der Dillenienähnlichen zusammen. Moderne systematische Konzepte verteilen sie dagegen auf mehrere Ordnungsgruppen, wobei nicht mehr nur die klassischen Merkmale des Blütenaufbaus maßgebend sind, sondern zunehmend auch genetische und biochemische Daten. Im Mittelpunkt dieser Verwandtschaft steht nach wie vor die große Familie der Kreuzblütengewächse, die sich trotz ihres beachtlichen Artenreichtums durch einen einheitlichen Blütenaufbau mit vierzähliger Krone auszeichnet. Ihnen sind die Resedengewächse noch in mancher Beziehung ähnlich.
Die Malven-, Hartheu- und Veilchengewächse stellen jeweils eigene Ordnungen dar. Mit einer Besonderheit überraschen die Wolfsmilchgewächse, von denen längst nicht alle Vertreter den namengebenden weißen Milchsaft führen: Die dekorativen »Blüten« der Gattung Wolfsmilch sind in Wirklichkeit komplex zusammengesetzte Blütenstände mit mehreren männlichen Blüten, die jeweils auf ein einziges Staubblatt reduziert sind, sowie je einer weiblichen Gipfelblüte.

Wiesen-Schaumkraut

Knoblauchrauke *Alliaria petiolaris* KREUZBLÜTENGEWÄCHSE

Merkmale: Einjährige oder einjährig überwinternde, bis zu 100 cm hohe Pflanze mit aufrechtem, kantigem, unverzweigtem Stängel, der an der Basis abstehend behaart ist; Blätter wechselständig, lang gestielt, duften beim Zerreiben nach Knoblauch; Blüten in endständiger Traube, Kronen bis zu 6 mm breit, reinweiß, Blütezeit IV-VI.

Standort: Waldränder, Waldlichtungen, Parkanlagen, Hecken, Gebüsche, Schuttstellen.

Verbreitung: In EU mit Ausnahme der Mittelmeerländer weit verbreitet; in D meist ziemlich häufig.

Wissenswertes: Das typische Aroma der auch als Lauchhederich bezeichneten Pflanze geht auf Senfölglykoside zurück und ist mit den Inhaltsstoffen des Knoblauchs nicht identisch. Man verwendet die K. als Wildgemüse und -salat.

Färber-Waid *Isatis tinctoria* FAMILIE KREUZBLÜTENGEWÄCHSE

Merkmale: Zweijährig, 50-130 cm hoch, kräftiger, aufrechter Stängel nur an der Basis weich behaart, weiter oben kahl; untere Blätter gestielt, obere sitzend, stängelumfassend, Spreite lanzettlich, bläulich grün; Blüten chromgelb, zahlreich in lockeren, endständigen Rispen, Kronblätter fast doppelt so lang wie die Kelchblätter, Blütezeit V-VI; Schötchen 1-samig, zur Reifezeit schwarzbraun.

Standort: Mauern, Weg- und Straßenränder, Steinbrüche, Dämme, Weinberge, Magerrasen.

Verbreitung: Früher häufig angebaut und aus der Kultur verwildert, in D in vielen Gebieten eingebürgert, im Rheinland häufig.

Wissenswertes: Aus dem F. gewann man früher den Textilfarbstoff Indigo (Bluejeans!), bis dieser von synthetischen Farbstoffen abgelöst wurde.

Echtes Barbarakraut *Barbarea vulgaris* FAM. KREUZBLÜTENGEWÄCHSE

Merkmale: Zweijährige, bis zu 90 cm hohe Pflanze mit aufrechtem Stängel; untere Blätter gestielt, mit 5-9 Paar Fiedern, obere sitzend und tief eingeschnitten; Blüten kräftig gelb, bis zu 12 mm breit, in dichten Trauben beieinander stehend, Blütezeit IV-VII.

Standort: Hecken, Wegränder, Schuttplätze, Böschungen, kiesige Ufer, Sandbänke.

Verbreitung: In EU weit verbreitet; in D in fast allen Gebieten ziemlich häufig.

Ähnlich: **Wilde Sumpfkresse** *Rorippa sylvestris*, bis zu 50 cm hoch, Blätter schmal gefiedert, Blüten um 5 mm breit, Blütezeit VI-IX.

Echte Brunnen-Kresse *Nasturtium officinale* KREUZBLÜTENGEW.

Merkmale: Mehrjährige Pflanze mit oft liegenden oder untergetauchten, etwa 50-80 cm langen Stängeln; Blätter wechselständig, etwas dicklich, mit meist 2-3 Paar rundlicher Fiedern und deutlich größerer Endfieder, ganzrandig oder leicht gekerbt, dunkelgrün, auch im Winter grün bleibend; Blüten ungefähr 9 mm breit, reinweiß, mit gelben Staubbeuteln, Blütezeit V-VIII.

Standort: Kleinere Flüsse, Bäche, Quellfluren, Gräben, gewöhnlich nicht in stehenden Gewässern; gelegentlich in Gartenkultur.

Verbreitung: In EU weit verbreitet, fehlt jedoch in D außerhalb der Kalkgebiete weitgehend.

Wissenswertes: Die E.B. ist eine alte Heilpflanze mit verdauungsfördernder Wirkung. Sie wird auch als vitaminreicher, pikant schmeckender Wildsalat gesammelt oder kultiviert.

Acker-Senf *Sinapis arvensis*

FAMILIE KREUZBLÜTENGEWÄCHSE

Merkmale: Einjährige, 30-70 cm hohe Pflanze mit aufrechtem, rau behaartem Stängel; Blätter wechselständig, im Umriss oval, tief eingeschnitten oder gefiedert mit grob gezähnten Endlappen; Blüten bis 1,5 cm breit, schwefelgelb, die gelbgrünen Kelchblätter stehen waagrecht ab, Blütezeit V-IX.
Standort: Äcker, Wegsäume, Schuttplätze.
Verbreitung: Überall in EU verbreitet.

Acker-Hederich *Raphanus raphanistrum*

KREUZBLÜTENGEWÄCHSE

Merkmale: Einjährige, bis 60 cm hohe Pflanze mit aufrechtem, meist rau behaartem Stängel; untere Blätter gefiedert, obere ungeteilt; Blüten bis zu 2 cm breit, Kronblätter weiß oder schwefelgelb, immer dunkel geädert, Kelchblätter anliegend, Blütezeit IV-IX.
Standort: Äcker, Gärten und Schuttstellen.
Verbreitung: In EU weit verbreitet.
Wissenswertes: Wildart von Rettich u. Radieschen.

Weg-Rauke *Sisymbrium officinale*

FAMILIE KREUZBLÜTENGEWÄCHSE

Merkmale: Einjährige, bis 60 cm hohe Pflanze mit steifen, aufrechten, sparrig verzweigten Stängeln; Blätter tief fiederteilig; Blüten 2-4 mm breit, blassgelb, zahlreich in endständigen Trauben, Blütezeit V-X; Schoten dem Stängel eng anliegend.
Standort: Wegränder, Brachen, Schuttstellen; gilt als Stickstoff-Anzeiger.
Verbreitung: In EU weit verbreitet; in D fast überall häufig, fehlt aber im Bergland.

Wiesen-Schaumkraut *Cardamine pratensis*

KREUZBLÜTENGEWÄCHSE

Merkmale: Mehrjährig, 20-40 cm hoch, mit aufrechtem, rundem, unverzweigtem Stängel, oft mit den schaumigen Hüllen von Zikadenlarven (Name); Grundblätter rosettig, Stängelblätter wechselständig, schmal gefiedert; Blüten bis zu 2 cm breit, Kronblätter rosa oder hellviolett, selten weiß, Blütezeit IV-V.
Standort: Feuchte, lehmige Böden; Wiesen, Weiden, Brachen und Böschungen.
Verbreitung: Überall in EU häufig.

Bitteres Schaumkraut *Cardamine amara*

KREUZBLÜTENGEWÄCHSE

Merkmale: Mehrjährige, bis zu 40 cm hohe Pflanze mit aufrechtem, kantigem Stängel; Blätter mit 3-5 Fiederpaaren, bitter schmeckend; Blüten bis 1,2 cm breit, Krone weiß, Staubbeutel rotviolett (Unterschied zur ähnlichen Brunnenkresse, ⇨S. 46), Blütezeit IV-VI.
Standort: Quellfluren, Gräben, Nasswiesen und Feuchtwälder; verträgt Schatten gut.
Verbreitung: Fast ganz EU, im S nur in den Gebirgen, in M.-EU weit verbreitet.

Zwiebel-Zahnwurz *Dentaria bulbifera*

FAM. KREUZBLÜTENGEWÄCHSE

Merkmale: Mehrjährige, 40-70 cm hohe Pflanze mit unverzweigtem, aufrechtem Stängel; Blätter unpaarig gefiedert, Fiedern gesägt, in den Blattachseln einzelne, dunkelviolette Brutknospen (kleines Foto); Blüten bis zu 2,5 cm breit, Krone rosa bis violett, Blütezeit IV-V.
Standort: Lichte, humusreiche Laubwälder (Buchenwälder) vor allem in Kalkgebieten.
Verbreitung: In M.-EU zerstreut, fehlt in einigen Gebieten; im N bis S-Skandinavien.

Hirtentäschelkraut *Capsella bursa-pastoris* KREUZBLÜTENGEWÄCHSE

Merkmale: Formenreiche, ein- oder zweijährige Pflanze mit aufrechtem, nur wenig verzweigtem, behaartem Stängel, 20-40 cm hoch; Blätter der Rosette buchtig gelappt, Stängelblätter lanzettlich mit pfeilförmigem Grund; Blüten bis zu 5 mm breit, Krone weiß, gestielt, in lockerer, endständiger Traube, Blütezeit II-X, z.T. ganzjährig; Schötchen herzförmig, sitzen mit der Spitze dem Stiel an.
Standort: Lichtpflanze; Gärten, Äcker, Brachen, Schuttstellen, Wegränder; Kulturbegleiter des Menschen seit der Jungsteinzeit.
Verbreitung: Überall in EU verbreitet und selbst mitten in Großstädten häufig.
Wissenswertes: Alte Heilpflanze, vor allem in der Homöopathie. In manchen Gegenden wird das H. auch als Zutat zu Wildsalaten verwendet.

Acker-Hellerkraut *Thlaspi arvense* FAM. KREUZBLÜTENGEWÄCHSE

Merkmale: Einjährige, kahle, bis 40 cm hohe Pflanze mit wenig verzweigtem, aufrechtem, kantigem Stängel; Grundblätter gestielt, Stängelblätter sitzend mit pfeilförmiger Basis, Spreite verkehrt eiförmig, unregelmäßig grob gezähnt, beim Zerreiben charakteristischer lauchähnlicher Geruch; Blüten bis 5 mm breit, weiß, zahlreich in endständiger, Blütezeit V-IX; Schötchen breit geflügelt, etwa münzgroß.
Standort: Äcker, Gärten, Weinberge, Wegränder, Brachflächen, vor allem auf Kalkböden.
Verbreitung: In EU mit Ausnahme des SO fast überall verbreitet; in D häufig, fehlt nur in den höheren Mittelgebirgen.
Wissenswertes: Die ersten, untersten Früchte sind bereits reif, wenn der Blütenstand oben noch immer neue Blüten anlegt.

Echtes Löffelkraut *Cochlearia officinalis* FAM. KREUZBLÜTENGEWÄCHSE

Merkmale: Einjährige, bis zu 50 cm hohe Pflanze mit verzweigtem, aufrechtem, kantigem Stängel; untere Blätter in einer Rosette, lang gestielt, obere sitzend und ansatzweise stängelumfassend, Spreite rundlich bis keilförmig, glattrandig oder gebuchtet; Blüten bis 9 mm breit, weiß, zahlreich in kopfig gedrängter Traube, die sich zur Fruchtzeit verlängert, angenehm duftend, Blütezeit V-VII; Schötchen nach dem Aussamen löffelförmig.
Standort: Salzhaltige Böden im Außendeichbereich, Wattwiesen, auch Salzstellen im Binnenland.
Verbreitung: An allen westeurop. Küsten von N-Spanien bis zu den Nord- und Ostseeküsten.

Ähnlich: **Dänisches Löffelkraut** *Cochlearia danica,* bis 25 cm hoch, auch Stängelblätter gestielt, Blüten bis 5 mm breit; in Salzwiesen, auch entlang von Straßen.

Gewöhnliche Pfeilkresse *Cardaria draba* KREUZBLÜTENGEWÄCHSE

Merkmale: Mehrjährige, bis zu 50 cm hohe Pflanze mit aufrechtem, nach oben stärker verzweigtem Stängel; Blätter länglich eiförmig, buchtig gezähnt, an der Basis herzförmig und stängelumfassend, meist kahl, hellgrün; Blüten bis zu 6 mm breit, weiß, zahlreich in doldig abgeflachten Trauben, Blütezeit VI-VII.
Standort: Stein- und Geröllfluren, Schotter, Wegränder, Dämme, Böschungen, Brachen, fast immer auf trockenen Böden; Rohbodensiedler.
Verbreitung: Stammt aus Vorderasien und SO-EU; in D vor allem in den Kalkgebieten weit verbreitet und fest eingebürgert.
Wissenswertes: Die G.P. ist in unserer heimischen Flora ein so genannter Neophyt: Sie wanderte erst im 18. Jahrhundert nach M.-EU ein, vor allem entlang der großen Verkehrswege. Stellenweise wird sie als Einsaat zur Befestigung von Straßenbanketten verwendet.

Meersenf *Cakile maritima*

FAMILIE KREUZBLÜTENGEWÄCHSE

Merkmale: Einjährige, reich verzweigte Pflanze mit aufrechten oder ausgebreiteten Stängeln, 10-40 cm hoch; Blätter wechselständig, 3-6 cm lang, dicklich fleischig, die unteren doppelt fiederspaltig, die oberen meist ungeteilt, hellgrün, leicht glänzend; Blüten bis zu 1 cm breit, Kronen rosa oder lila, selten auch weiß, zahlreich in einer kopfigen, oben abgeflachten Traube beieinander stehend, angenehm duftend, Blütezeit VII-IX; Schote 1-2,5 cm lang, 2-teilig, in der Reife gelblich, mit einem einzelnen Samen im oberen, leicht abbrechenden Teil.

Standort: Spülsäume, Weißdünen, vom Meerwasser beeinflusste Ruderalflächen.

Verbreitung: An allen europäischen Küsten häufig.

Wissenswertes: Wie alle im unmittelbaren Einflussbereich des Meeres vorkommenden Blütenpflanzen zeigt der M. das Phänomen der Salzsukkulenz: Die Blätter werden dicklich bei gleichzeitiger Verkleinerung der Oberfläche.

Meerkohl *Crambe maritima*

FAMILIE KREUZBLÜTENGEWÄCHSE

Merkmale: Mehrjährige, kahle Pflanze mit aufrechtem, reich verzweigtem, kräftigem Stängel, bis zu 70 cm hoch; Blätter lang gestielt, Spreite 30-50 cm lang, lappig gebuchtet bis ungleichmäßig gezähnt, am Rand wellig, bläulich bereift; Blüten bis zu 1,2 cm breit, reinweiß, Kronblätter an der Basis in einen grünlichen Abschnitt verschmälert, Kelchblätter hellhäutig umrandet, Blütezeit V-VII; Schote abgeflacht, im unteren Teil stielartig, im oberen kugelig mit nur 1 Samen.

Standort: Spülsäume, Vordünen; vorwiegend auf salz- und stickstoffhaltigen Böden.

Verbreitung: Küstengebiete von W- und NW-EU, an der Nordsee nahezu fehlend, an der Ostsee selten.

Wissenswertes: M. wurde früher in den Küstengegenden von W-EU als Wildgemüse verzehrt.

Wild-Kohl *Brassica oleracea*

FAMILIE KREUZBLÜTENGEWÄCHSE

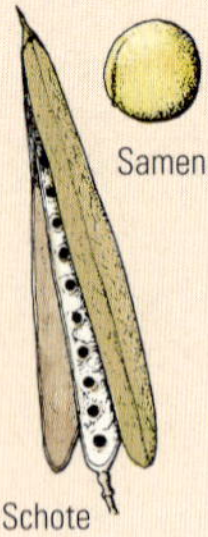

Merkmale: Zwei- oder mehrjährige Pflanze mit kräftigem, aufrechtem, im oberen Teil ästigem, am Grund leicht verholztem Stängel, bis zu 2 m hoch; Blätter kahl, fleischig, blaugrün bis leicht rötlich, 20-40 cm lang, am Rand wellig, unregelmäßig gebuchtet, die unteren gestielt, die oberen sitzend; Blüten bis zu 2 cm breit, Kronblätter schwefelgelb, vorn verbreitert, an der Basis schmal, Kelchblätter aufrecht, Blütezeit V-X; Schoten reif hellbraun, bis zu 12 cm lang, mit glänzenden, schwarzen Samen.

Standort: Vom Meerwasser beeinflusste Ruderalstellen, Klippen, Küstenfelsen.

Verbreitung: Küsten des westlichen Mittelmeeres, Atlantikküsten bis Frankreich u. Großbritannien; in D nur auf Helgoland, fehlt an der Ostsee.

Wissenswertes: Der W. ist die Stammart sämtlicher kultivierter Kohlsorten vom Weißkohl über den Kohlrabi bis zum Brokkoli.

Glattes Brillenschötchen

Biscutella laevigata KREUZBLÜTENGEW.

Merkmale: Formenreiche, mehrjährige Pflanze mit grundständiger Rosette; grundständige Blätter lang gestielt, borstig behaart bis kahl, länglich keilförmig, die wenigen Stängelblätter schmal und kurz, sitzend; Blüten bis zu 1 cm breit, kräftig gelb, zahlreich in einer lockeren Traube beieinander stehend, Blütezeit V-VII; Schötchen brillenartig, bis zu 7 mm breit, mit schmalem Hautsaum und bleibendem, etwa 2 mm langem Griffel.

Standort: Steinige Böden, Felsfluren, lückige Matten; vorwiegend auf kalkhaltigen Böden.

Verbreitung: M.-EU; kommt im Alpenvorland und in den Alpen nur zerstreut vor, in den Mittelgebirgen (Harz, Eifel, Hunsrück) selten und nur stellenweise, fehlt im Norddeutschen Tiefland ganz.

Wissenswertes: Das G.B. bildet innerhalb seines zerklüfteten Verbreitungsgebiets mehrere schwer unterscheidbare regionale Unterarten.

Gelbe Resede, Gelber Wau
Reseda lutea FAM. RESEDENGEWÄCHSE

Merkmale: Ein- bis mehrjährige, bis 50 cm hohe Pflanze mit aufrechtem, meist wenig verzweigtem Stängel; Blätter mit schmal geflügelten Stielen, Spreiten fiederteilig, am Rand gewellt; Blüten klein, hellgelb, ohne besonderen Duft, Blütezeit VI-IX.
Standort: Trockenrasen, Mauern, Wege, Brachen.
Verbreitung: Stammt aus dem südöstlichen Mittelmeergebiet; heute überall in M.-EU.

Rotbeerige Zaunrübe *Bryonia dioica*
FAMILIE KÜRBISGEWÄCHSE

Merkmale: Mehrjährige Pflanze mit kletterndem, dünnem Stängel, bis zu 3 m lang, hält sich mit schraubig gewundenen Ranken an der Unterlage fest; Blätter gestielt, handförmig 5-lappig, glattrandig; zweihäusig, Blüten grünlich weiß, einzeln oder zu wenigen in den Blattachseln, Blütezeit VI-IX; Beeren in der Reife scharlachrot. Stark giftig!
Standort: Hecken, Gebüsche und Waldränder.
Verbreitung: In S- und M.-EU weit verbreitet.

Rundblättriges Wintergrün
Pyrola rotundifolia WINTERGRÜNGEW.

Merkmale: Immergrüne, mehrjährige Pflanze mit kurzem Stängel; Blätter in grundständiger Rosette; Blüten bis zu 1 cm breit, gestielt, leicht nickend, zu 10-20 zu einer verlängerten, bis zu 20 cm hohen Traube zusammengefasst, Krone glockig, vom Griffel weit überragt, Blütezeit VI-IX.
Standort: Schattige Wälder und Gebüsche.
Verbreitung: In den Mittelgebirgen von M.- und N-EU, jedoch selten, fehlt im Tiefland. **RL**

Einblütiges Moosauge *Moneses uniflora*
WINTERGRÜNGEWÄCHSE

Merkmale: Mehrjährige, immergrüne Pflanze mit grundständiger Blattrosette; Blätter ledrig, lang gestielt, rundlich; Blüten einzeln am Ende eines bis zu 20 cm langen Stängels, bis zu 2,5 cm breit, weiß oder rötlich, Kronblätter flach ausgebreitet, Griffel auffallend lang, hellgrün, Blütezeit V-VIII.
Standort: Moosige, lichte Nadelwälder, seltener auch bodensaure Eichenwälder.
Verbreitung: Höhere Mittelgebirge von M.- und N-EU, nördliche Kalkalpen. **RL**

Dolden-Winterlieb *Chimaphila umbellata*
FAM. WINTERGRÜNGEWÄCHSE

Merkmale: Mehrjährige, immergrüne Pflanze mit aufsteigendem oder aufrechtem Stängel, 10-20 cm hoch; Blätter lanzettlich oval, ledrig, gesägt, oberseits glänzend dunkelgrün; Blüten bis zu 2 cm breit, Krone hellrosa bis weiß, flach glockenförmig, Blüten zu mehreren in einer endständigen Dolde zusammengefasst, Blütezeit VI-VIII.
Standort: Lichte Misch- und Nadelwälder.
Verbreitung: Vor allem in N- und M.-EU, jedoch selten, fehlt im NW von D. **RL**

Fichtenspargel *Monotropa hypopitys*
FAM. FICHTENSPARGELGEWÄCHSE

Merkmale: Mehrjährige, in allen Teilen bleichgelbe Pflanze mit aufrechtem, fleischigem, bis zu 30 cm hohem Stängel; Blätter schuppenförmig kurz; Blüten glockig, zu 8-15 in einer nickenden Traube, Blütezeit VI-VII.
Standort: Misch- und Nadelwälder mit moderiger Rohhumusauflage.
Verbreitung: In EU weit verbreitet, in D jedoch fast überall ziemlich selten. **RL**
Wissenswertes: Statt durch Photosynthese ernährt sich der F. mithilfe von Bodenpilzen.

Stängellose Schlüsselblume

Primula vulgaris PRIMELGEWÄCHSE

Merkmale: Mehrjährige Pflanze; Blätter alle in grundständiger Rosette, Spreite oberseits kahl, unterseits behaart, verkehrt eiförmig, zur Basis allmählich verschmälert, ohne deutlichen Blattstiel; Blüten lang gestielt, bis zu 3,5 cm breit, Kronen hellgelb, flach ausgebreitet, zahlreich auf sehr kurzem Schaft oder direkt der Blattrosette entspringend; Blütezeit III-IV.

Standort: Lichte Wälder, Gebüsche, Obst- und Baumwiesen, Gärten.

Verbreitung: Vor allem in W- und SW-EU; selten in Schleswig-Holstein und Mecklenburg, in den S-Alpen bis in 1400 m Höhe. **RL**

Wissenswertes: Die S. S. ist eine der Stammarten der in zahlreichen Farben und Blütenformen gezüchteten Garten-Primeln.

Mehl-Primel *Primula farinosa*

FAMILIE PRIMELGEWÄCHSE

Merkmale: Zierliche, mehrjährige Pflanze; Blätter in grundständiger Rosette, 0,5-2 cm breit und 2-8 cm lang, allmählich in den kurzen, leicht geflügelten Blattstiel verschmälert, fast glattrandig, oberseits kahl und dunkelgrün, unterseits durch feine Behaarung mehlig bepudert (Name); Blüten bis zu 1,5 cm breit, Kronen tief purpurrosa, selten auch weißlich, ausgebreitet, im Schlund gelb, zahlreich auf einem 5-20 cm hohen Schaft, Blütezeit V-VII.

Standort: Feucht- und Nasswiesen, Niedermoore, Steinmatten, Quellfluren.

Verbreitung: Skandinavien, Pyrenäen, Alpen, Teile von SO-EU; fehlt in D nördlich des Mains. **RL, §!**

Wissenswertes: Das heutige Verbreitungsbild lässt vermuten, dass die M. erst während der letzten Eiszeiten nach M.-EU eingewandert ist.

Duftende Schlüsselblume

Primula veris FAMILIE PRIMELGEWÄCHSE

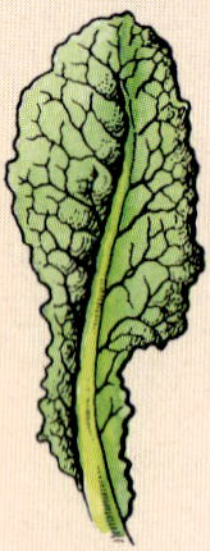

Merkmale: Auch als Wiesen-Primel bekannte, mehrjährige Pflanze; alle Blätter in grundständiger Rosette, 2-8 cm breit und 6-20 cm lang, vorn breit, plötzlich in den breit geflügelten Blattstiel verschmälert, oberseits dunkelgrün, runzelig, unterseits heller und nur auf den Blattnerven behaart; Blüten intensiv duftend, zahlreich in endständiger, leicht einseitswendiger Dolde auf einem 10-20 cm langen Schaft, Kronen dottergelb, um 1 cm breit, mit orangefarbenem Schlundfleck, Kelch bauchig, Blütezeit IV-V.

Standort: Kalkmagerrasen, magere Bergwiesen, Waldränder, Gebüsche.

Verbreitung: EU, im N bis Mittelschweden, im Mittelmeerraum weitgehend fehlend, in D nördlich der Mittelgebirge ziemlich selten.

Wissenswertes: Die dunkleren Schlundflecken sind eine Orientierungshilfe für Blütenbesucher.

Hohe Schlüsselblume

Primula elatior FAM. PRIMELGEWÄCHSE

Merkmale: Auch Wald-Primel genannte, mehrjährige Pflanze mit grundständiger Blattrosette; Blätter 2-8 cm breit und bis zu 20 cm lang, rasch in den nur wenig geflügelten Blattstiel verschmälert, oberseits dunkelgrün, runzelig, unterseits auf den Blattnerven wenig behaart; Blüten bis 2 cm breit, zu 5-20 in deutlich einseitswendiger Dolde auf 5-20 cm langem Schaft, Kronen hellgelb, ohne dunklere Schlundflecken, Blütezeit III-V.

Standort: Lichte, krautreiche Wälder, Wiesen mit lehmigem, nährstoffreichem (nicht gedüngtem!) Boden, Auengebüsche.

Verbreitung: In weiten Teilen von EU verbreitet und häufig; fehlt in D in den nordwestdeutschen Sandgebieten; in den Alpen bis in 2400 m Höhe.

Wissenswertes: Im gemeinsamen Verbreitungsgebiet mit der Duftenden Schlüsselblume finden sich mitunter schwer abgrenzbare Bastarde.

Gewöhnl. Gilbweiderich

Lysimachia vulgaris PRIMELGEWÄCHSE

Merkmale: Mehrjährige, bis 1,3 m hohe Pflanze mit flaumig behaartem Stängel; Blätter gegenständig oder zu 3-4 in Wirteln, unterseits dicht behaart; Blüten bis zu 2,5 cm breit, zahlreich in endständigen Rispen, Kronen goldgelb, kahl, Kelchzipfel rötlich umrandet, Blütezeit VI-VIII.
Standort: Bruchwälder, Hochstaudenfluren an Gewässern, Lichtungen, Gräben, Feuchtwiesen.
Verbreitung: Ganz EU; in D fast überall häufig.
Wissenswertes: Die Blüten bieten den Bestäubern anstelle von Nektar fette Öle als Nahrung an.

Ähnlich: **Drüsiger Gilbweiderich** *Lysimachia punctata,* Stängel schmal geflügelt, Kronblattzipfel drüsig bewimpert, Kelchzipfel grün; SO-EU, bei uns Gartenpflanze, vielfach verwildert.

Straußblütiger Gilbweiderich

Lysimachia thyrsiflora PRIMELGEW.

Merkmale: Mehrjährige Pflanze mit aufrechtem, meist unverzweigtem, mitunter rötlich überlaufenem Stängel, 40-70 cm hoch; Blätter gegenständig, sitzend, schmal lanzettlich, die oberen deutlich größer als die unteren; Blüten bis 9 mm breit, gelb, zahlreich in dichten, gestielten Trauben in der Achsel der mittleren Stängelblätter, Blütezeit V-VII.
Standort: Großseggenrieder, Bruchwälder, Moore, Uferstauden nährstoffarmer stehender oder langsam fließender Gewässer.
Verbreitung: Vor allem in M.- und N-EU; in D im Alpenvorland sowie im nördlichen Tiefland, in den übrigen Gebieten selten. **RL**
Wissenswertes: Die goldgelben, schmal linealischen Kronblätter tragen an der Spitze dunkelrote Drüsenpunkte.

Hain-Gilbweiderich *Lysimachia nemorum*

FAMILIE PRIMELGEWÄCHSE

Merkmale: Mehrjährige Pflanze mit kriechendem oder schwach aufsteigendem, bis zu 25 cm langem Stängel, der an den Blattansatzstellen wurzelt; Blätter gegenständig, Spreite breit eiförmig, 2-3 cm lang, leicht zugespitzt, meist alle in eine Ebene gedreht, kahl; Blüten lang gestielt, einzeln den oberen Blattachseln entspringend, Kronen goldgelb, bis zu 1,5 cm breit, Blütezeit V-VII.
Standort: Auf feuchten, kalkarmen Lehm- und Tonböden in Auenwäldern, Bachgebüschen, Berg- und Schluchtwäldern.
Verbreitung: In EU weit verbreitet; fehlt in D weitgehend im Tiefland und in den trockeneren Gebieten der Mittelgebirge, sonst eher zerstreut.
Wissenswertes: Die dem menschlichen Auge nur leicht dunkler gelb erscheinende Blütenmitte sticht für Insektenaugen kontrastreich hervor und weist damit Bestäubern den Weg.

Pfennigkraut *Lysimachia nummularia*

FAMILIE PRIMELGEWÄCHSE

Merkmale: Mehrjährige Pflanze mit 30-50 cm langen kriechenden Stängeln; Blätter gegenständig, münzartig rundlich, drüsig punktiert, 1,5-3 cm breit, am Grund leicht herzförmig, meist einheitlich flach in einer Ebene ausgerichtet, verfärben sich im Herbst kupferbraun; Blüten lang gestielt, einzeln oder zu wenigen in den vorderen Blattachseln der Triebe, bis zu 2,5 cm breit, Kronen goldgelb, innen durch dunkelrote Drüsen leicht punktiert, Blütezeit V-VIII.
Standort: Wiesen, Weiden, Gebüsche, Gärten, Auenwälder; bevorzugt auf lehmigem, feuchtem, leicht kalkhaltigem Boden.
Verbreitung: In EU mit Ausnahme des Mittelmeergebiets weit verbreitet; in D fast überall häufig.
Wissenswertes: Die Pflanze bildet nur selten Früchte aus, hauptsächlich vermehrt sie sich vegetativ durch bewurzelte Triebe.

Strand-Milchkraut *Glaux maritima*

FAMILIE PRIMELGEWÄCHSE

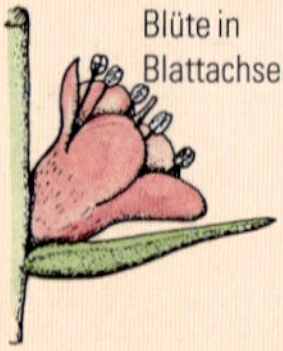

Merkmale: Mehrjährige, 5-25 cm hohe Pflanze mit meist ausgebreiteten, nur an den Enden aufsteigenden Stängeln, die an den Blattknoten wurzeln; Blätter gegenständig, sehr dicht stehend, glattrandig, elliptisch bis verkehrt eiförmig, um 1 cm lang, dicklich, dunkel graugrün, kahl; Blüten kurz gestielt, bis 6 mm breit, einzeln in den Blattachseln, Kronblätter fehlen, Kelch kronblattartig, weinrot, kräftig rosa oder weißlich, am Grund glockig verwachsen mit 5 freien Zipfeln; Blütezeit V-VIII.

Standort: Vom Meerwasser beeinflusste Außendeichbereiche, Salz- und Wattwiesen.

Verbreitung: Nordwest- und nordeuropäische Küsten von der Biskaya bis zur mittleren Ostsee, selten auch an Salzstellen im Binnenland; fehlt am Mittelmeer weitgehend.

Wasserfeder *Hottonia palustris*

FAMILIE PRIMELGEWÄCHSE

Merkmale: Mehrjährige, bis zu 50 cm hohe Wasserpflanze mit verzweigtem, im Bodenschlamm wurzelndem Stängel; Blätter wechsel- bis quirlständig, vorwiegend untergetaucht oder allenfalls knapp über der Wasserfläche, kammförmig bzw. federartig gefiedert mit 5 mm schmalen Zipfeln; Blüten bis zu 2,5 cm breit, Kronen weißlich oder hellrosa, im Schlund orange, zahlreich in Trauben auf 20-30 cm langem Schaft über der Wasseroberfläche, Blütezeit V-VII.

Standort: Kalkarme, nährstoffreiche, stehende oder langsam fließende Gewässer, Altarme, Gräben, Moorseen.

Verbreitung: Vor allem im nördl. M.- und in N-EU; in D meist nur im nördlichen Tiefland, selten. **RL**

Wissenswertes: In den Blattachseln entspringen bündelweise fadendünne Wurzeln. Die Samen

Siebenstern *Trientalis europaea*

FAMILIE PRIMELGEWÄCHSE

Merkmale: Mehrjährige Pflanze mit aufrechtem, dünnem, bis zu 20 cm hohem, unverzweigtem Stängel, der im unteren Drittel immer blattlos bleibt; Blätter lanzettlich, glattrandig, kurz gestielt bis sitzend, unterschiedlich groß, am oberen Stängelabschnitt quirlig genähert; Blüten einzeln auf langen Stielen in den Blattachseln, Kronen bis zu 1,5 cm breit, mit gewöhnlich 7, manchmal auch 6, 8 oder 9 weißen Kronblättern, Blütezeit V-VII.

Standort: Moosige Fichten- u. Kiefernwälder, Laubmischwälder, Birkenmoore, verheidete Moore.

Verbreitung: Vor allem in N-EU; in D meist nur im nördlichen Tiefland und in den angrenzenden Mittelgebirgen, gelegentlich mit Forstpflanzen aus Skandinavien verschleppt.

Wissenswertes: Der S. gilt an seinen heutigen Standorten als Eiszeitrelikt.

Roter Gauchheil *Anagallis arvensis*

FAMILIE PRIMELGEWÄCHSE

Merkmale: Einjährige Pflanze mit liegendem, an den Enden aufsteigendem, bis 30 cm langem, verzweigtem Stängel; Blätter eiförmig, sitzend, 1,5-2 cm lang, unterseits mit dunklen Drüsenpunkten; Blüten lang gestielt, einzeln in den oberen Blattachseln, Kronen ziegelrot, sehr selten auch bläulich, Blütezeit VI-X.

Standort: Äcker, Brachen, Gärten, Wegränder, im Bergland bis in 1600 m Höhe.

Verbreitung: In EU fast überall verbreitet; in D im nordwestl. Tiefland zerstreut, sonst ziemlich häufig.

Ähnlich: **Blauer Gauchheil** *Anagallis coerulea*, Blüten dunkelblau bis blauviolett mit rötlichem Schlundring; fehlt im Tiefland.

Weg-Malve, Käsepappel

Malva neglecta MALVENGEWÄCHSE

Merkmale: Ein- bis mehrjährige Pflanze mit liegendem bis aufsteigendem Stängel von 10-50 cm Länge; Blätter gestielt, im Umriss rundlich, undeutlich handförmig mit 3-5 (-7) ungleich großen Lappen; Blüten gestielt, einzeln in den Blattachseln, Kronen bis zu 2,5 cm breit, hellrosa oder fast weiß, Kelchblätter nur halb so lang wie die Kronblätter, Blütezeit VI-IX (manchmal XI).

Standort: Auf stickstoffhaltigen, nährstoffreichen Böden; Wegränder, Schuttstellen, Bahnanlagen, Mauern, Böschungen, Gärten.

Verbreitung: Fast überall in EU verbreitet, in D stellenweise zerstreut, sonst häufig.

Wissenswertes: Die W. kommt auch mitten in Städten vor und siedelt hier mitunter sogar in Gehweg- und Pflasterfugen.

Wilde Malve, Rosspappel

Malva sylvestris MALVENGEWÄCHSE

Merkmale: Ein- bis mehrjährige Pflanze, 40-120 cm hoch, mit verzweigtem, aufsteigendem oder aufrechtem Stängel; Blätter gestielt, handförmig in 5-7 ungleich große Lappen geteilt, die oberen tief bis zur Basis eingeschnitten; Blüten gestielt, zu mehreren in den oberen Blattachseln; Kronen bis zu 4 cm breit, kräftig rosarot, dunkler gestreift, Kelchblätter nur etwa 1/4 so lang wie die Kronblätter, bis zur Mitte verwachsen, Blütezeit V-IX.

Standort: Schuttstellen, Brachen, Wegränder, Böschungen, Mauern, Gärten; meist auf nährstoffreichen, trockenen Böden.

Verbreitung: Fast überall in M.- und S-EU; in D im nordwestlichen Tiefland selten.

Wissenswertes: Zusätzlich zum Kelch haben Malvenblüten noch einen 3-gliedrigen Außenkelch.

Tüpfel-Johanniskraut *Hypericum perforatum*

F. HARTHEUGEWÄCHSE

Merkmale: Auch Tüpfel-Hartheu genannte, formenreiche, mehrjährige Pflanze mit aufrechtem, deutlich 2-kantigem, aber nicht geflügeltem, 30-80 cm hohem Stängel; Blätter gegenständig, sitzend, breit oval bis linealisch, kahl, stumpf, durchscheinend weiß punktiert, am Rand mit schwärzlichen Drüsen; Blüten bis zu 2,5 cm breit, goldgelb, zahlreich in lockerer, pyramidenförmiger Rispe, Kronblätter leicht unsymmetrisch, gezähnt, beim Zerreiben dunkelrot, Staubblätter in drei Büscheln, Blütezeit VI-VIII.

Standort: Wegränder, Böschungen, Brachen, Magerrasen, Trockenhänge, Waldränder.

Verbreitung: In EU weit verbreitet, in D überall ziemlich häufig.

Wissenswertes: Alte Heilpflanze. Die Gattung umfasst weitere, zum Teil recht ähnliche Arten.

Schönes Johanniskraut

Hypericum pulchrum HARTHEUGEW.

Merkmale: Mehrjährige Pflanze mit aufrechtem, rundem, kahlem, 20-60 cm hohem Stängel; Blätter gegenständig, im Umriss dreieckig, an der Basis herzförmig und halb stängelumfassend, durchscheinend punktiert, jedoch ohne dunklere Drüsen am Blattrand wie beim Tüpfel-Johanniskraut, unterseits blaugrün; Blüten bis zu 2 cm breit, goldgelb, am Rand mit schwarzroten Drüsen, Blütezeit VI-IX.

Standort: Laub- und Mischwälder, Lichtungen, Waldränder, Gebüsche, Heiden; bevorzugt auf sauren Sand- und Lehmböden.

Verbreitung: M.- und W-EU, fehlt im SO und in den Alpen; in D besonders in der Mittelgebirgsregion.

Wissenswertes: Der in den Blüten dieser und anderer Johanniskraut-Arten enthaltene Farbstoff löst bei manchen Personen eine übersteigerte Lichtempfindlichkeit der Haut aus, wobei es in der Sonne zu brandblasenähnlichen Reaktionen kommt.

Hunds-Veilchen *Viola canina*

FAMILIE VEILCHENGEWÄCHSE

Merkmale: Mehrjährig, 5-15 cm hoch, mit aufsteigenden, wenig behaarten Stängeln; Blätter lang gestielt, nicht rosettig gestellt, mit herzförmiger Spreite; Blüten blauviolett mit hellgelbem Sporn, Blütezeit IV-VI.
Standort: Magerrasen und lichte Wälder; meidet kalkhaltige Böden.
Verbreitung: Fast überall in EU mit Ausnahme des SO weit verbreitet, stellenweise aber sehr zerstreut.

März-Veilchen *Viola odorata*

FAMILIE VEILCHENGEWÄCHSE

Merkmale: Mehrjährig, bis zu 10 cm hoch, mit wurzelnden Ausläufern; Blätter rundlich nierenförmig, in grundständiger Rosette; Blüten dunkelviolett mit dunklem Sporn, selten auch rosa oder weiß, intensiv duftend, Blütezeit III-IV.
Standort: Gebüsche, Hecken, Waldränder.
Verbreitung: Ursprünglich nur in S-EU, durch Verwilderung aus Gartenkultur heute auch in M.-EU fast überall verbreitet.

Sumpf-Veilchen *Viola palustris*

FAMILIE VEILCHENGEWÄCHSE

Merkmale: Mehrjährig, bis zu 15 cm hoch, mit unterirdischen Ausläufern; Blätter in grundständiger Rosette, rundlich bis breit herzförmig; Blüten rötlich oder blassviolett, selten auch weiß, unterstes Kronblatt dunkler gestreift, Blütezeit VI-VII.
Standort: Nasswiesen, Niedermoore, Sümpfe, feuchte Gräben, Bruchwälder, Ufer.
Verbreitung: Fast überall in EU verbreitet; in D nicht sehr häufig, durch Biotopzerstörung gefährdet.

Wald-Veilchen *Viola reichenbachiana*

FAMILIE VEILCHENGEWÄCHSE

Merkmale: Mehrjährig, bis zu 20 cm hoch, mit aufrechtem oder aufsteigendem, beblättertem Stängel; Blätter länglich herzförmig, die grundständigen rosettig gestellt; Blüten violettblau mit dunkelviolettem, schlankem Sporn (dieser beim sonst sehr ähnlichen **Hain-Veilchen** *V. riviniana* dick und hell), Blütezeit IV-VI.
Standort: Laub- und Mischwälder; auf lockerem, kalkhaltigem Boden.
Verbreitung: M.- und S-EU; in D häufig.

Wildes Stiefmütterchen *Viola tricolor*

FAM. VEILCHENGEWÄCHSE

Merkmale: Ein- oder mehrjährig, 10-30 cm hoch; Blätter länglich herzförmig, Nebenblätter gefiedert; Blüten bis zu 2,5 cm breit, weiß, gelb oder 3-farbig mit Violett, die beiden oberen Kronblätter fast immer dunkler bis tiefviolett.
Standort: Äcker, Wiesen (im Bergland bis in 1000 m Höhe), Brachland, Wegränder, Graudünen im Küstengebiet.
Verbreitung: Fast überall in Europa; fehlt in D stellenweise, andernorts hingegen häufig.

Acker-Stiefmütterchen *Viola arvensis*

VEILCHENGEWÄCHSE

Merkmale: Einjährig, 5-20 cm hoch, mit verzweigtem, kahlem oder wenig behaartem Stängel; Blätter oval bis spatelig, Nebenblätter mit schmaler Endfieder; Blüten höchstens 1-1,5 cm groß, hellgelb, Blütezeit V-XI; kann mit dem Wilden Stiefmütterchen bastardieren.
Standort: Hackfruchtäcker, Wegränder, Schuttplätze, verkrautete Gärten, Brachflächen; zumeist auf nährstoffreichem Boden.
Verbreitung: In ganz EU häufig.

Wald-Bingelkraut *Mercurialis perennis* FAMILIE WOLFSMILCHGEWÄCHSE

Blattlänge bis 10 cm

Merkmale: Mehrjährig, ohne Milchsaft, mit aufrechtem, unverzweigtem Stängel, 15-35 cm hoch; Blätter gegenständig, im oberen Stängelbereich gedrängt, lanzettlich, dunkelgrün, beim Zerreiben unangenehm duftend; zweihäusig, Blüten unscheinbar grünlich, Blütezeit IV-VI.
Standort: Humusreiche, tiefgründige Laub- und Mischwälder.
Verbreitung: Fast überall in EU verbreitet.

Einjähriges Bingelkraut *Mercurialis annua* WOLFSMILCHGEW.

Merkmale: Einjährig, mit ästigem, 4-kantigem Stängel, ohne Milchsaft, 20-40 cm hoch, auf ganzer Länge beblättert; Blätter hellgrün, lanzettlich; zwei- o. einhäusig, Blüten unscheinbar grünlich, Blütezeit VI-X.
Standort: Gärten, Hackfruchtäcker, Brachen, Wegränder; auf nährstoffreichen, mäßig trockenen Böden.
Verbreitung: Heimat S-EU; in gemäßigten Breiten weltweit verschleppt; in D v.a. in Weinbauregion.

Sonnenwend-Wolfsmilch *Euphorbia helioscopi* WOLFSMILCHGEW.

Merkmale: Einjährig, Stängel aufrecht, 10-40 cm hoch, weißer Milchsaft; Blätter wechselständig, von unten nach oben größer, verkehrt eiförmig, im vorderen Drittel am Rand gesägt; Blüten in einer 5-strahligen Scheindolde, Nektardrüsen des Hüllbechers rundlich oval, Blütezeit IV-XI.
Standort: Äcker, Gärten, Brachen, Säume. **Verbreitung:** In EU weit verbreitet; in D fast überall häufig, nur in den Alpen selten.

Zypressen-Wolfsmilch *Euphorbia cyparissias* WOLFSMILCHG.

Blätter 1-3 mm breit

Merkmale: Mehrjährig, bis 40 cm hoch; Blätter wechselständig, schmal linealisch, bis zu 3 cm lang; Blüten in vielstrahligen Scheindolden, Hüllblätter zunächst goldgelb, später kräftig rot, Nektardrüsen 2-hörnig, Blütezeit IV-VII.
Standort: Trockenrasen, steinige Böschungen, lichte Gebüsche, Säume, Wegränder.
Verbreitung: In M.- und S-EU häufig; fehlt in D im nordwestlichen Tiefland.

Garten-Wolfsmilch *Euphorbia peplus* FAMILIE WOLFSMILCHGEWÄCHSE

Merkmale: Zarte, einjährige Pflanze mit aufrechtem, etwa 5-30 cm hohem Stängel, führt weißen Milchsaft; Blätter wechselständig, verkehrt eiförmig, vorn stumpf und glattrandig; Blüten in 3-strahligen Scheindolden (deutlicher Unterschied zur ähnlichen Sonnenwend-Wolfsmilch), Nektardrüsen halbmondförmig, in 2 Hörner mit hellen Spitzen auslaufend, Blütezeit VI-X.
Standort: Äcker, Brachen, Gärten, Weinberge.
Verbreitung: In EU fast überall häufig.

Esels-Wolfsmilch *Euphorbia esula* FAMILIE WOLFSMILCHGEWÄCHSE

Merkmale: Formenreiche mehrjährige Pflanze mit aufrechtem, 15-30 cm hohem Stängel; Blätter linealisch, 3-7 mm breit, 3-6 cm lang, in der vorderen Hälfte am breitesten; Blüten in mehrstrahligen, grünlichen Scheindolden, Nektardrüsen 2-hörnig, Blütezeit V-VII.
Standort: Trockene Wiesen, Schuttplätze, Flussufer, Brachen, Böschungen.
Verbreitung: In EU weit verbreitet; in D vor allem in den großen Stromtälern.

Rosengewächse und ihre Verwandten

Innerhalb der zweikeimblättrigen Bedecktsamer stellen die Rosengewächse und ihr systematisches Umfeld gleichsam einen besonders artenreichen Mittelbau dar. Gemeinsames Merkmal sind die fünfzähligen Blüten, deren Blütenhüllblätter im Allgemeinen nicht miteinander verwachsen sind. Die hier versammelten Pflanzenfamilien bilden eine eigene Unterklasse. Einige Ordnungsgruppen davon wurden bereits im vorigen Kapitel vorgestellt, während die folgenden Seiten vor allem den Rosengewächsen selbst und mehreren kleineren Familien vorbehalten sind. Neben den in diesem Band behandelten krautigen Arten zählen zu dieser Großverwandtschaft auch besonders viele Gehölze.
Eine für die heimische Flora wichtige, weil besonders artenreiche Familie sind die Schmetterlingsblütengewächse, die man an ihrem recht einheitlichen Blütenbau und der die gesamte Familie kennzeichnenden Fruchtform der Hülse leicht erkennen kann. Die zum Kapitelende angeschlossenen Doldenblütengewächse leiten bereits zu den Ordnungsgruppen des folgenden Kapitels über, deren Leitmerkmal die zu einer Röhre verwachsenen Kronblätter sind.

Wiesen-Kerbel

Echte Nelkenwurz *Geum urbanum*
FAMILIE ROSENGEWÄCHSE

Merkmale: Mehrjährige, 20-60 cm hohe Pflanze mit aufrechtem, behaartem Stängel; grundständige Blätter lang gestielt, unpaarig gefiedert mit sehr großer, fiederteiliger Endfieder; Stängelblätter 3-zählig oder einfach, gezähnt, mit großen Nebenblättern; Blüten einzeln, lang gestielt in den oberen Blattachseln oder in lockerer Rispe, Kronen bis zu 2,5 cm breit, goldgelb, Blütezeit V-VIII.
Standort: Vorzugsweise auf nährstoff-, vor allem stickstoffreichen, mäßig feuchten Böden; Gebüsche, Hecken, Säume, Waldränder, Mauern, Brachen, Böschungen und Gärten.
Verbreitung: Fast überall in EU häufig.
Wissenswertes: Die bleibenden Griffel krümmen sich an den reifenden Früchten, sodass diese an Tieren hängen bleiben und so verbreitet werden.

Bach-Nelkenwurz *Geum rivale*
FAMILIE ROSENGEWÄCHSE

Merkmale: Mehrjährig, 20-60 cm hoch, Stängel nur wenig verzweigt, im oberen Teil drüsig behaart; Grundblätter abwechselnd mit großen und kleinen Fiedern sowie 3-teiliger Endfieder, grob gezähnt, Stängelblätter gelappt oder einfach; Blüten einzeln oder zu wenigen in endständiger Traube, glockig, bis zu 1,5 cm lang, Kronblätter innen blassgelb, außen rötlich, dunkler geadert, Kelchblätter und Stiele bräunlich rot, Blütezeit IV-VII.
Standort: Feuchtwiesen, Niedermoore, Staudenfluren an Bächen, Feuchtwälder.
Verbreitung: In N- und M.-EU; in D vor allem im Bergland, nach W hin seltener.
Wissenswertes: Hummeln beißen die Blütenglocken oft von von hinten an, um Nektar zu ernten. So werden die Blüten jedoch nicht bestäubt.

Echtes Mädesüß *Filipendula ulmaria*
FAMILIE ROSENGEWÄCHSE

Merkmale: Mehrjährige, kräftige Pflanze mit aufrechtem, verzweigtem, kantigem, kahlem Stängel, 1-1,5 m hoch; Blätter abwechselnd mit großen und kleinen, ovalen, grob gezähnten Fiedern; Blüten nur 6-9 mm breit, Kronen gelblich weiß, zahlreich in endständigen, vielstrahligen, unregelmäßigen Scheindolden, duften sehr stark (Name!), Blütezeit VI-VIII.
Standort: Feucht- und Nasswiesen, Gräben, Niedermoore, Bachauen, schattige Wegränder, Flussufer und Feuchtwälder.
Verbreitung: Fast überall in N- und M.-EU verbreitet; in D häufig, im Bergland nur bis etwa 1200 m.
Wissenswertes: Inhaltsstoffe des E.M. haben harn- und schweißtreibende Wirkung, die Pflanze fand und findet daher in der Volksmedizin Verwendung. Früher wurde sie auch zur Aromatisierung von Met und Bier verwendet.

Gewöhnlicher Odermennig
Agrimonia eupatoria ROSENGEWÄCHSE

Merkmale: Mehrjährige, zur Blütezeit bis zu 60 cm, fruchtend bis zu 100 cm hohe Pflanze mit aufrechtem, rauhaarigem, meist unverzweigtem Stängel; Blätter abwechselnd mit großen und kleinen Fiedern, diese grob gezähnt und unterseits weißfilzig; Blüten bis zu 1 cm breit, Kronen hellgelb, zahlreich in schlanker, verlängerter Traube, Blütezeit VI-IX.
Standort: Trockengebüsche, Feldraine, Waldränder, Halbtrockenrasen, Magerwiesen; bevorzugt auf trockenen, kalkhaltigen Böden.
Verbreitung: Fast überall in EU mit Ausnahme des tiefen S weit verbreitet und häufig, im Bergland bis in 1800 m Höhe.
Wissenswertes: Der G.O. ist eine alte Heilpflanze gegen Magen-, Darm- und Galleleiden. Sein längs gestreifter Kelch wird zur Reifezeit borstig und dient durch Kletthaftung der Fruchtverbreitung.

Wald-Erdbeere *Fragaria vesca*
FAMILIE ROSENGEWÄCHSE

Merkmale: Mehrjährige, etwa 5-25 cm hohe Pflanze mit oberirdischen Ausläufern; Blätter lang gestielt, 3-zählig, gezähnt, oberseits kahl; Blüten bis zu 1,5 cm breit, zu wenigen in endständiger Rispe, Kronblätter weiß, überdecken sich am Rand, Blütezeit V-VI.
Standort: Lichte Wälder, Gebüsche, Säume.
Verbreitung: In EU weit verbreitet und auch in D fast überall ziemlich häufig.

Blutwurz, Tormentill
Potentilla erecta F. ROSENGEWÄCHSE

Merkmale: Mehrjährig, 10-30 cm hoch, mit liegendem oder aufsteigendem Stängel u. kriechendem Wurzelstock; Blätter der Rosette lang gestielt, 3-zählig, grob gezähnt, Stängelblätter sitzend; Blüten bis 1 cm breit, Krone gelb, 4-zählig, einzeln lang gestielt in den Blattachseln, Blütezeit V-X. Alte Heilpflanze.
Standort: Mischwälder, Heiden, Magerwiesen, Niedermoore; auf mäßig versauerten Böden.
Verbreitung: Überall in EU häufig.

Kriechendes Fingerkraut
Potentilla reptans ROSENGEWÄCHSE

Merkmale: Mehrjährig, mit kriechenden, an den Knoten wurzelnden, bis zu 1 m langen Stängeln; Blätter lang gestielt, handförmig 5- bis 7-zählig, grob gezähnt, kahl; Blüten lang gestielt, einzeln den Blattachseln entspringend, Kronen bis zu 2,5 cm breit, goldgelb, Blütezeit V-VIII; Früchte von Ameisen verbreitet.
Standort: Lückige Rasen, Wegränder, Raine, Böschungen, Brachen, Schuttstellen.
Verbreitung: Überall in EU verbreitet.

Erdbeer-Fingerkraut *Potentilla sterilis*
FAMILIE ROSENGEWÄCHSE

Merkmale: Mehrjährig, 5-10 cm hoch; Blätter lang gestielt, 3-zählig, leicht bläulich grün, grob gezähnt; Blüten bis zu 1,5 cm breit, Kronen weiß, Kronblätter berühren sich an ihren Rändern nicht, Blütezeit III-V.
Standort: Lichte Laubwälder, Waldränder, Säume, Gebüsche; meidet Kalkböden.
Verbreitung: In EU weit verbreitet und auch in D mit Ausnahme des NW häufig.

Gänse-Fingerkraut *Potentilla anserina*
FAMILIE ROSENGEWÄCHSE

Merkmale: Mehrjährig, mit kriechenden, wurzelnden, bis zu 50 cm langen Stängeln; Blätter rosettig, vielpaarig gefiedert, abwechselnd mit großen und kleinen Fiedern, gezähnt, unterseits seidig behaart; Blüten einzeln, lang gestielt, bis zu 2,5 cm breit, goldgelb, Blütezeit V-VIII.
Standort: Brachen, Wegränder, Ufer, Graudünen.
Verbreitung: In EU mit Ausnahme des NW und des SO verbreitet, in den meisten Gegenden häufig.

Gewöhnlicher Frauenmantel
Alchemilla vulgaris ROSENGEWÄCHSE

Merkmale: Formenreiche, mehrjährige, meist 15-50 cm hohe Pflanze; Blätter handförmig rund, 7- bis 11-lappig, entlang der Hauptrippen gefaltet, am Rand gezähnt, auf beiden Seiten weichhaarig oder kahl; Blüten unscheinbar grünlich gelb, höchstens 4 mm breit, ohne Kronblätter, ziemlich nektarreich, Blütezeit V-IX.
Standort: Wiesen, Weiden, Waldränder, Gebüsche, überwiegend im Bergland.
Verbreitung: Fast überall in EU verbreitet.

Großer Wiesenknopf *Sanguisorba officinalis* FAM. ROSENGEWÄCHSE

Merkmale: Mehrjährig, 50-90 cm hoch; Blätter unpaarig gefiedert, Fiedern länglich oval, gezähnt, unterseits bläulich grün; Blüten 1-3 mm breit, dunkelrot, zahlreich in 1-3 cm langen, eiförmigen Köpfchen, Kronblätter fehlen, Blütezeit VI-IX; windblütig.
Standort: Feucht- und Nasswiesen, Gräben, Ufer, Niedermoore, Bergwiesen bis in 1200 m Höhe.
Verbreitung: In M.-EU weit verbreitet.

Ähnlich: **Kleiner Wiesenknopf** *Sanguisorba minor*, 20-70 cm hoch, Blattfiedern eher rundlich; Blüten unscheinbar grünlich rot, Blütezeit V-VII.

Weiße Fetthenne *Sedum album* FAMILIE DICKBLATTGEWÄCHSE

Merkmale: Mehrjährige, in lockeren Rasen wachsende Pflanze mit aufsteigenden oder aufrechten Stängeln, 5-20 cm hoch; Blätter 6-12 mm lang, rundlich walzenförmig mit stumpfem Ende, grasgrün oder kräftig rötlich bis braunrot getönt; Blüten bis zu 9 mm breit, zahlreich in rispigen, zu Scheindolden abgeflachten Blütenständen zusammengefasst, Kronen reinweiß, seltener hellrosa, Blütezeit VI-IX.
Standort: Sonnig trockene und offene Stellen, Mauern, Bahndämme, Felsbänder, Dächer, Halbtrockenrasen, Steinböden.
Verbreitung: In M.- und S-EU weit verbreitet, in D vor allem in den Weinbauregionen häufig und das Bild der Vegetation bestimmend.
Wissenswertes: Die W.F. ist die alleinige Futterpflanze für die Raupen des seltenen Apollofalters.

Scharfer Mauerpfeffer *Sedum acre* FAM. DICKBLATTGEWÄCHSE

Merkmale: Mehrjährige Pflanze mit kriechenden oder aufsteigenden, 5-15 cm langen Stängeln; Blätter bis zu 4 mm lang, im Umriss dreieckig, oberseits abgeflacht, unten rundlich, fleischig, schmecken pfefferartig scharf; Blüten bis zu 1,5 cm breit, zu wenigen in dichten Scheindolden, Kronen goldgelb, Blütezeit VI-VIII.
Standort: Mauern, Bahnschotter, lückige Rasen, Kiesdächer, gern auf Kalk.
Verbreitung: Mit Ausnahme des hohen N überall in EU, im Bergland bis in 2300 m Höhe.

Ähnlich: **Felsen-Fetthenne** *Sedum rupestre*, formenreich, Blätter bis zu 2 cm lang, vorn mit Stachelspitze, an der Basis gespornt; Blüten zitronengelb; Trockenrasen, Mauern, Felsen.

Große Fetthenne *Sedum telephium* FAMILIE DICKBLATTGEWÄCHSE

Merkmale: Formenreiche, mehrjährige Pflanze mit kräftigen, aufrechten, bis zu 50 cm hohen Stängeln; Blätter 2-7 cm lang, grasgrün oder bläulich, dickfleischig, flächig, länglich oval, sitzend, ungleichmäßig wenig gezähnt oder glattrandig, stumpf oder leicht glänzend; Blüten 5-8 mm breit, Kronen blassgelb bis purpurrot, zahlreich in flachen bis halbkugeligen, dicht gedrängten Scheindolden, Blütezeit VI-IX.
Standort: Hecken, Gebüsche, lichte Wälder, Magerrasen, Mauern, Gesteinsschutt, gern auf sandigen Böden, im Bergland bis in 900 m Höhe.
Verbreitung: In EU weit verbreitet; in D nur im nordwestlichen Tiefland selten, sonst zerstreut.
Wissenswertes: Nach ihrer Blütenfarbe wird die G.F. auch oft Purpur-Fetthenne genannt. In der Natur stellt sie eine wertvolle Trachtpflanze für Hautflügler und Falter dar.

Wechselblättriges Milzkraut
Chrysosplenium alternifolium

Merkmale: Wenig auffällige, mehrjährige Pflanze aus der Familie der Steinbrechgewächse mit aufrechten, 5-10 cm hohen, 3-kantigen Stängeln; Blätter nierenförmig, wenig gekerbt, borstig behaart, Grundblätter lang gestielt, Stängelblätter wechselständig; Blüten bis zu 4 mm breit, zu wenigen in kurzen Dolden, gelblich grün, Kronblätter fehlen, Blütezeit IV-VI.
Standort: Bachufer, Sümpfe, Quellfluren, feuchte Staudenfluren, Schluchtwälder.
Verbreitung: In EU in Kalkgebieten weit verbreitet; in D im N selten, sonst zerstreut.

Ähnlich: **Gegenblättriges Milzkraut** *Chrysosplenium oppositifolium*, Stängel 4-kantig, Blätter gegenständig, unterseits kahl; bevorzugt auf Silikatböden.

Knöllchen-Steinbrech *Saxifraga granulata*
STEINBRECHGEWÄCHSE

Merkmale: Mehrjährige Pflanze mit aufrechtem, schlankem, kaum beblättertem und behaartem Stängel, etwa 20-50 cm hoch; die grundständigen, in einer Rosette angeordneten Blätter gestielt, rundlich nierenförmig, unregelmäßig gekerbt bis gezähnt, 1-3 cm breit und fast ebenso lang; Blüten bis zu 2,5 cm breit, zu mehreren in einer endständigen, lockeren Rispe, Kelchblätter abstehend behaart, Blütezeit IV-VI.
Standort: Trockene, magere Wiesen, Säume, Gebüsche, Waldränder; meidet Kalkböden.
Verbreitung: In EU weit verbreitet; in D überwiegend in den Mittelgebirgen, fehlt im NW von D sowie in den Alpen. **§!**
Wissenswertes: Die Brutknöllchen am Stängelgrund dienen der vegetativen Vermehrung.

Dreifinger-Steinbrech *Saxifraga tridactylites*
F. STEINBRECHGEWÄCHSE

Grundblätter

Merkmale: Einjährige, zierliche Pflanze von nur 2-15 cm Höhe mit aufrechtem, drüsig behaartem, nur im Blütenstand verzweigtem Stängel, der oft rötlich getönt ist; Blätter überwiegend in einer grundständigen Rosette, an der Basis keilförmig verschmälert, vorn schmal 3-lappig (namengebendes Merkmal), zur Blütezeit gewöhnlich bereits vertrocknet, Stängelblätter sitzend und größtenteils einfach; Blüten 5-8 mm breit, Kronen weiß, zu wenigen in einer lockeren Rispe beieinander stehend, Blütezeit IV-VI.
Standort: Mauerkronen, Felsfluren, Dünen, Bahnanlagen, Flachdächer mit Kiesschüttung.
Verbreitung: In EU weit verbreitet; in D meist zerstreut vorkommend und nur stellenweise häufig.
Wissenswertes: Der D. ist die einzige einjährige Art seiner Gattung und eine der wenigen, die auch außerhalb der Alpen auftreten.

Sumpf-Herzblatt *Parnassia palustris*
FAMILIE HERZBLATTGEWÄCHSE

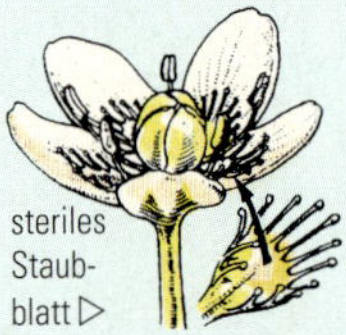
steriles Staubblatt ▷

Merkmale: Mehrjährige, zierliche Pflanze, bis zu 40 cm hoch; die grundständigen Blätter lang gestielt, 1-4 cm lang und fast ebenso breit, herzförmig; das einzige Stängelblatt im unteren Drittel des Stängels sitzend, umfasst die leicht kantige Achse mit seiner herzförmigen Basis; Blüten einzeln endständig auf langem Stiel, bis zu 3 cm breit, Kronblätter weiß, grünlich gestreift, 5 fruchtbare und 5 gelbe sterile Staubblätter mit Drüsenköpfen, die aber keinen Nektar absondern, Blütezeit VII-IX.
Standort: Niedermoore, Sumpfwiesen, lichte Quellfluren, auch trockenere Kalkmagerrasen.
Verbreitung: In N- und M.-EU weit verbreitet; in D nur zerstreut, in den Alpen bis in 2500 m Höhe. **RL, §!**
Wissenswertes: Die sterilen Staubblätter sehen wie reiche Pollen- und Nektarquellen aus; die meisten Blütenbesucher (vor allem Käfer und Fliegen) lassen sich davon täuschen.

Rundblättriger Sonnentau

Drosera rotundifolia SONNENTAUGEW.

Merkmale: Mehrjährige, sehr kleine und wenig auffällige Pflanze; Blätter sämtlich in grundständiger, dem Boden anliegender Rosette, lang gestielt, mit kreisrunder, knapp fingernagelgroßer Spreite, grünlich rot bis hochrot, auf der Oberseite mit lang gestielten Drüsen, die einen glitzernden, klebrigen Schleim absondern; Blüten 3-7 mm breit, weiß, zu wenigen an einer bogig überhängenden Traube, nur jeweils eine einzige Blüte geöffnet, Blütezeit VI-VIII.

Standort: Hoch- und Übergangsmoore, seltener auch in Nieder- und Heidemooren oder auf nackten Sandböden.

Verbreitung: In den Moorgebieten von ganz EU weit verbreitet. **RL, §!**

Langblättriger Sonnentau

Drosera anglica SONNENTAUGEWÄCHSE

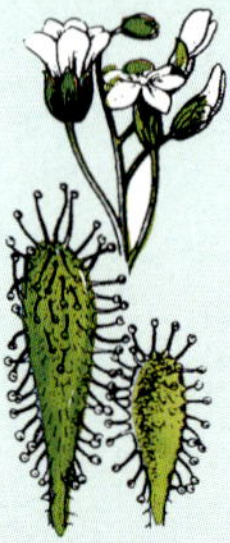

Merkmale: Mehrjährig; Blätter in grundständiger Rosette, lang gestielt, meist aufgerichtet; Blüten auf einem 10-30 cm hohen Schaft, der in der Rosettenmitte entspringt, Kronen weiß, 3-7 mm breit, Blütezeit VI-VIII.

Standort: Nieder- und Hochmoore, auch auf zeitweise überschwemmten Böden.

Verbreitung: N- und M.-EU; in D fast überall selten, im Alpenvorland zerstreut. **RL! §!**

Wissenswertes: An den glitzernden Klebtropfen von Sonnentau-Blättern bleiben überwiegend auf dem Boden laufende Kerbtiere hängen. Zu deren Verdauung rollt sich das Blatt ein und besondere Drüsen der Blattoberseite (nicht die Fangtentakel!) geben spezielle Enzyme ab, welche die Eiweißstoffe der Beute zerlegen.

Mittlerer Sonnentau *Drosera intermedia*

FAM. SONNENTAUGEWÄCHSE

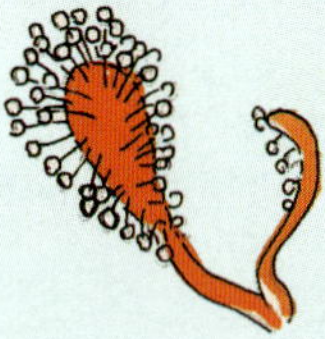

Merkmale: Mehrjährige, kleine Pflanze; Blätter in einer Rosette, meist aufgerichtet, gestielt, Spreiten 7-10 mm lang, klebrige Fangtentakel meist nur am Rand ausgebreitet; Blüten an einem 4-10 cm hohen Blütenschaft, der seitlich bogig von der Rosette aufsteigt, Kronen 3-7 mm breit, weiß, Blütezeit VII-VIII.

Standort: Nasse, oft überflutete Stellen von Übergangs- und Hochmooren.

Verbreitung: In N- und M.-EU selten, im Alpenvorland zerstreut. **RL! §!**

Wissenswertes: Sobald ein Beutetier mit den klebrigen Tentakeln von Sonnentau-Blättern in Kontakt gekommen ist, biegen sich die benachbarten Tentakel zur Mitte und das Blatt krümmt sich langsam über dem Opfer zusammen. Mit der Verdauung des tierischen Eiweißes erschließen sich die Pflanzen an ihrem nährstoffarmen Standort eine ergiebige Quelle für Stickstoffverbindungen.

Wasserfalle *Aldrovanda vesiculosa*

FAMILIE SONNENTAUGEWÄCHSE

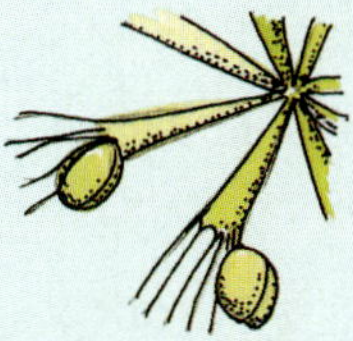

Merkmale: Mehrjährige Wasserpflanze, die frei und ohne Wurzeln dicht unter der Wasseroberfläche schwimmt; Stängel nicht oder wenig verzweigt, 10-20 cm lang; Blätter zu 6-9 quirlständig, im unteren, stängelartigen Teil etwa 2 mm breit, im oberen Teil rundlich und 0,5-1 cm breit, in der Mitte längs gefaltet, am Rand mit langen Fühlborsten; Blüten unscheinbar grünlich, 5-8 mm breit, auf langen Stielen, Blütezeit VII-VIII.

Standort: Nährstoffreiche, stehende, sommerwarme Gewässer.

Verbreitung: Von W-EU über Indien bis O-Asien; in M.-EU nur an wenigen Stellen, in D überaus selten (Mecklenburg, Bodenseegebiet). **RL! §!**

Wissenswertes: Bei Berührung durch kleine Wassertiere klappen die beiden Blatthälften schlagartig zusammen. Verdauungsenzyme zerlegen dann die gefangene Beute.

Vielblättrige Lupine *Lupinus polyphyllus* SCHMETTERLINGSBLÜTENGEW.

Merkmale: Mehrjährig; Stängel aufrecht, unverzweigt, bis zu 1,2 m hoch; Blätter lang gestielt, Spreite handförmig 9- bis 17-teilig, Fiedern lanzettlich, bis zu 15 cm lang, ungestielt, glattrandig, behaart; Blüten bis 1,5 cm lang, zahlreich in dichter, verlängerter Traube, Krone blau oder blauviolett, selten weißlich, Flügel miteinander verbunden, Schiffchenspitze daher nicht sichtbar, Blütezeit VI-IX.
Standort: Böschungen, Waldlichtungen, Säume.
Verbreitung: Stammt aus dem westlichen N-Amerika, bei uns als Rohbodenpionier oder Wildäsung angesät und stellenweise eingebürgert.
Wissenswertes: Mithilfe von Bakterien in ihren Wurzelknöllchen kann die V. L. wie viele andere Vertreter der Familie Luftstickstoff binden und in mineralischen Pflanzennährstoff umwandeln.

Echter Steinklee *Melilotus officinalis* SCHMETTERLINGSBLÜTENGEW.

Merkmale: Zweijährige, bis zu 1,2 m hohe Pflanze mit verzweigtem Stängel; Blätter 3-zählig gefiedert, Fiedern gezähnt, Nebenblätter glattrandig; Blüten 5-7 mm lang, zahlreich in lang gestielten, schlanken Trauben in den oberen Blattachseln, Kronen goldgelb, Fahne und Flügel deutlich länger als das Schiffchen, Fruchtknoten und Hülse kahl, Blütezeit VI-IX.
Standort: Brachen, Bahndämme, Steinbrüche, Wegränder; bevorzugt an sonnigen Stellen.
Verbreitung: Überall in EU verbreitet und häufig.

Ähnlich: **Hoher Steinklee** *Melilotus altissimus*, Fahne, Flügel und Schiffchen gleich lang, Fruchtknoten und Hülse anliegend behaart, runzelig; feuchte Standorte.

Weißer Steinklee *Melilotus alba* FAMILIE SCHMETTERLINGSBLÜTENGEWÄCHSE

Merkmale: Zweijährige, bis zu 1,2 m hohe Pflanze mit verzweigtem, aufrechtem Stängel; Blätter wechselständig, 3-zählig gefiedert, Fiedern kurz gestielt, grob gezähnt, kahl; Blüten bis zu 7 mm lang, Kronen weiß, zahlreich in 5-8 cm langer, schlanker, aufrechter Traube, Blütezeit V-VIII.
Standort: Brachen, trockene Böschungen, Wegränder, lückige Rasen, Säume; auf nährstoffreichen, leicht kalkhaltigen, steinigen Böden.
Verbreitung: In EU weit verbreitet, in D fast überall häufig.
Wissenswertes: Beim Trocknen entwickeln die Steinklee-Arten das Waldmeister-Aroma Cumarin, welches dem Heu seinen typischen süßlichen Duft verleiht. In größeren Mengen ist diese Substanz giftig – auch für Weidetiere.

Saat-Luzerne *Medicago sativa* FAMILIE SCHMETTERLINGSBLÜTENGEWÄCHSE

Merkmale: Mehrjährige, 30-90 cm hohe Pflanze mit verzweigtem, aufrechtem Stängel; Blätter 3-zählig gefiedert, Fiedern fein gezähnt, vorn mit Stachelspitze, Endfieder gestielt, die beiden übrigen ungestielt; Blüten bis zu 1,2 cm lang, zahlreich in gestielten kopfigen Trauben in den Blattachseln, Kronen lila, violett oder violett-purpurn, Blütezeit VI-IX; Hülse schraubig gewunden.
Standort: Äcker, sonnige Wiesen, lichte Gebüsche, Böschungen, Wegränder, vom Tiefland bis in mittlere Gebirgslagen.
Verbreitung: Stammt aus Vorderasien, wird in EU schon seit der Antike als wertvolle Futterpflanze angebaut und ist vielfach verwildert.
Wissenswertes: Die auch als Blaue Luzerne bezeichnete Pflanze bildet mit der rein gelb blühenden, in allen übrigen Merkmalen aber sehr ähnlichen **Sichel-Luzerne** *Medicago falcata* fruchtbare Bastarde, deren Blüten eigenartig mischfarbig violettgrün sind. Man findet diese häufig in Halbtrockenrasen, an sonnigen Wegrändern oder Säumen.

Gewöhnlicher Wundklee
Anthyllis vulneraria SCHMETTERLINGSBL.

Merkmale: Formenreiche, mehrjährige Pflanze mit aufsteigendem Stängel, 15-50 cm hoch; Blätter mit 1-6 Paar länglich elliptischer, nach vorn vergrößerter Seitenfiedern, Endfieder mitunter größer als das ganze übrige Blatt; Blüten 1-2 cm lang, in kugeligen Köpfen, Kronen gelb, orange oder rötlich, Kelch dicht zottig behaart, nach der Blüte bauchig aufgetrieben, Blütezeit V-IX.
Standort: Magerrasen, Böschungen, Steinbrüche, Trockenhänge, Gebüsche, Wegränder, vorzugsweise auf kalkhaltigem Boden.
Verbreitung: In EU weit verbreitet; in NW-D selten.

Hopfenklee, Gelbklee *Medicago lupulina*
SCHMETTERLINGSBLÜTENG.

Merkmale: Ein- bis mehrjährige Pflanze mit liegenden oder aufsteigenden, bis zu 30 cm langen Stängeln; Blätter 3-zählig gefiedert, Fiedern vorn meist leicht ausgerandet, mit kurzem Spitzchen; Blüten etwa 3 mm lang, in kleinen Köpfchen, Kronen gelb, Blütezeit V-IX.
Standort: Wiesen, Wegränder, Trockenrasen, Gebüsche, Äcker, im Bergland bis in 1500 m Höhe.
Verbreitung: In EU weit verbreitet, in ganz D häufig.

Wiesen-Klee, Rot-Klee *Trifolium pratense*
SCHMETTERLINGSBLÜT.

Merkmale: Formenreiche, mehrjährige Pflanze mit aufsteigenden Stängeln; Blätter lang gestielt, 3-zählig gefiedert, Fiedern oval, glattrandig, heller oder purpurn gefleckt; Blüten purpurn oder rosa, in 2-3 cm breiten, kugeligen Köpfchen, diese meist zu zweien, Kelch 10-nervig, behaart, Blütezeit V-VIII.
Standort: Weiden, Fettwiesen, Wegsäume.
Verbreitung: In EU weit verbreitet und häufig; vielfach als Futterpflanze angebaut.

Weiß-Klee, Kriech-Klee *Trifolium repens*
SCHMETTERLINGSBLÜTENG.

Merkmale: Formenreiche, mehrjährige Pflanze mit weit kriechenden, an den Knoten wurzelnden Stängeln; Blätter 3-zählig gefiedert, breit oval, fein gezähnt; Blüten 1 cm lang, weiß, duftend, in eiförmigen, 1-2 cm breiten Köpfen, Kronen nach dem Abblühen braun und herabhängend, Blütezeit V-IX.
Standort: Fettweiden, Wiesen, Parkrasen, Äcker; vorzugsweise auf stickstoffhaltigem Boden.
Verbreitung: Überall in EU häufig.

Schweden-Klee *Trifolium hybridum*
SCHMETTERLINGSBLÜTENGEW.

Merkmale: Formenreich, mehrjährig, mit aufsteigendem, nicht wurzelndem Stängel, 20-40 cm hoch; Blätter 3-zählig gefiedert, Fiedern breit oval; Blüten um 1 cm lang, zahlreich in länglich kugeligen, bis zu 2,5 cm langen Köpfen, Kronen anfangs weiß, dann rosa, Kelch 5-nervig, Blütezeit V-VIII.
Standort: Fett- und Nasswiesen, Wegränder, Böschungen; auf nährstoffreichen Böden.
Verbreitung: In EU weit verbreitet; häufig auch zusammen mit anderen Arten angebaut.

Hasen-Klee *Trifolium arvense*
FAMILIE SCHMETTERLINGSBLÜTENGEWÄCHSE

Merkmale: Einjährige Pflanze, 5-30 cm hoch, mit aufrechtem, verzweigtem Stängel; Blätter 3-zählig, Fiedern linealisch, graugrün, bis zu 3 cm lang; Blüten etwa 3 mm lang, zahlreich in walzenförmig gestreckten, 1-2 cm langen Köpfen beieinander stehend, Kronen anfangs weiß, später rosa getönt, Kelch dicht und lang behaart, Blütezeit V-VII.
Standort: Offene Sandfluren, Graudünen, Wegränder, Hackfruchtäcker, Brachflächen.
Verbreitung: Fast überall in EU häufig.

Zwerg-Klee, Faden-Klee
Trifolium dubium SCHMETTERLINGSBL.

Merkmale: Einjährig, 10-20 cm hoch, mit liegenden, dünnen Stängeln; Blätter 3-zählig, Fiedern bläulich grün, bis zu 1 cm lang, vorn buchtig gezähnt, Endfieder länger gestielt als die seitlichen; Blüten zu 5-10 in 5-8 mm großen Köpfen, Kronen hellgelb, später hellbraun, Blütezeit V-X.

Standort: Parkrasen, Wiesen, Weiden und Wege.

Verbreitung: Überall in EU ziemlich häufig.

Acker-Klee, Feld-Klee *Trifolium campestre*
SCHMETTERLINGSBLÜTENGEW.

Merkmale: Einjährig, mit liegenden, 5-30 cm langen Stängeln; Blätter 3-zählig, Endfieder länger gestielt als die seitlichen; Blüten rund 5 mm lang, zu 20-30 in bis zu 1,2 cm langen Köpfchen, Kronen goldgelb, nach dem Abblühen hellbraun, Blütezeit VI-IX.

Standort: Wiesen, Äcker, Brachen, Waldwege.

Verbreitung: In EU weit verbreitet; in D vor allem in den tieferen Lagen.

Gold-Klee *Trifolium aureum*
FAMILIE SCHMETTERLINGSBLÜTENGEWÄCHSE

Merkmale: Einjährige Pflanze mit aufrechtem, 10-40 cm hohem Stängel; Blätter 3-zählig, Fiedern schmal oval, alle gleich lang gestielt; Blüten um die 6 mm lang, zu 20-40 in eiförmigen Köpfen, Kronen goldgelb gefärbt, nach dem Abblühen hellbraun, Blütezeit VI-VIII.

Standort: Heiden, Halbtrockenrasen, Weg- und Waldränder, Säume, Böschungen.

Verbreitung: In EU fast überall häufig.

Gewöhnlicher Hornklee
Lotus corniculatus SCHMETTERLINGSBL.

Merkmale: Mehrjährige Pflanze mit liegendem oder aufsteigendem Stängel, bis zu 30 cm hoch; Blätter 3-zählig, mit sehr großem Nebenblattpaar, kahl; Blüten bis zu 1,3 cm lang, zu 3-8 in halbkugeligen Köpfchen, Kronen goldgelb, Schiffchenspitze rechtwinklig nach oben gebogen und rötlich überlaufen, Blütezeit V-VIII.

Standort: Trockenrasen, Fettwiesen, Waldränder, Gebüschsäume; Lehm anzeigende Pflanze.

Verbreitung: Überall in EU verbreitet.

Bunte Kronwicke *Coronilla varia*
SCHMETTERLINGSBLÜTENGEWÄCHSE

Merkmale: Mehrjährige Pflanze mit liegenden, verzweigten, bis über 1 m langen Stängeln; Blätter unpaarig gefiedert, die 11-25 Fiederblättchen schmal oval, bis 2 cm lang; Blüten 1,2 cm lang, zu 12-30 in halbkugeligen Köpfen, Fahne rosarot, Schiffchen und Flügel weißlich, Schiffchen mit violetter Spitze, Blütezeit V-VI. In allen Teilen schwach giftig!

Standort: Trockenrasen, Gebüsche, Säume und Böschungen; vor allem auf Kalkböden.

Verbreitung: Insbesondere in M.-EU verbreitet.

Hufeisenklee *Hippocrepis comosa*
SCHMETTERLINGSBLÜTENGEW.

Merkmale: Mehrjährige Pflanze mit liegenden oder aufsteigenden Stängeln, 10-30 cm hoch; Blätter lang gestielt, unpaarig gefiedert, mit 9-15 ovalen, etwa 1 cm langen Fiedern, bläulich grün; Blüten 1 cm lang, zu 4-10 in kopfigen Dolden, Kronen goldgelb, Blütezeit V-IX; Frucht (Hülse) gegliedert, mit hufeisenförmigen Abschnitten.

Standort: Trockenrasen, Steinbrüche, lichte Laubwälder; vorzugsweise auf Kalkböden.

Verbreitung: W-, M.- und S-EU; in D relativ selten.

Futter-Esparsette *Onobrychis viciifolia* SCHMETTERLINGSBLÜTENGEW.

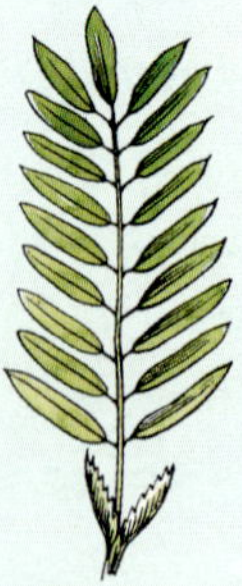

Merkmale: Mehrjährige Pflanze mit aufrechtem, verzweigtem Stängel, 30-70 cm hoch; Blätter unpaarig gefiedert, die 13-27 schmal linealischen Fiedern mit kurzer, aufgesetzter Stachelspitze; Blüten bis 1,5 cm lang, zahlreich in verlängerten, pyramidenförmigen, lang gestielten Trauben in den oberen Blattachseln, Kronen hellrot, dunkler purpurn geädert, Schiffchen etwa so lang wie die Fahne, Flügel kürzer als der dicht behaarte Kelch, Blütezeit V-VII.

Standort: Trockenwiesen, Böschungen, Wegränder, lichte Gebüsche; bevorzugt auf tiefgründigem, kalkhaltigem Boden.

Verbreitung: Stammt aus SO-EU, vielerorts in EU aus Futteranbau verwildert und fest eingebürgert; in D zerstreut in den Wärmegebieten.

Bärenschote, Süß-Tragant *Astragalus glycyphyllos*

Blatt und Hülse

Merkmale: Mehrjährige Pflanze mit liegenden, an den Enden aufsteigenden, verzweigten, bis zu 1,5 m langen Stängeln; Blätter bis zu 20 cm lang, unpaarig gefiedert, die 9-15 Fiedern 2-4 cm lang, glattrandig; Blüten bis 1,5 cm lang, zu mehreren in gestielten Trauben in den Blattachseln, Kronen gelblich grün, Blütezeit V-VII; Hülse mit Schnabelfortsatz.

Standort: Waldränder, lichte Gebüsche, Kahlschläge; gewöhnlich auf kalkhaltigen Lehmböden.

Verbreitung: Vor allem in M.-EU verbreitet, fehlt in weiten Gebieten von S-EU; in D nur zerstreut, im NW des Landes ganz fehlend.

Wissenswertes: In ihren Blättern und Wurzeln enthält die B. süß schmeckende Stoffe, die auch Bestandteil von Lakritze sind.

Zaun-Wicke *Vicia sepium*

FAMILIE SCHMETTERLINGSBLÜTENGEWÄCHSE

Merkmale: Mehrjährige Pflanze mit liegenden oder aufsteigenden, bis über 1 m langen Stängeln, klettert häufig auch an anderen Pflanzen hoch; Blätter gestielt, mit 4-7 glattrandigen, länglich ovalen, weich behaarten Fiederpaaren, Endfiedern gewöhnlich zu verzweigten Ranken umgebildet; Blüten ca. 1-1,5 cm lang, zu 2-6 in kurz gestielten Trauben in den oberen Blattachseln, Kronen schmutzig bläulich violett, Blütezeit V-VII.

Standort: Gebüsche, Wegränder, Gärten, Zäune, Waldsäume, Fettwiesen.

Verbreitung: In EU nahezu überall verbreitet, in D vom Tiefland bis ins Gebirge häufig.

Wissenswertes: Die Nebenblätter tragen auf ihrer Unterseite in dunkelpurpurnen Vertiefungen Nektardrüsen, die vor allem bei feuchtwarmem Wetter eine zuckerhaltige Flüssigkeit ausscheiden. Diese wird gern von Ameisen eingesammelt.

Vogel-Wicke *Vicia cracca*

FAMILIE SCHMETTERLINGSBLÜTENGEWÄCHSE

Merkmale: Formenreiche, mehrjährige Pflanze mit dünnen, verzweigten, bis über 1 m langen, kantigen Stängeln; Blätter kahl oder anliegend behaart, 6-10 Paar Fiedern je 2-4 mm breit und bis zu 3 cm lang, die vorderen fast immer zu langen Ranken umgebildet, Nebenblätter mit abstehenden Zipfeln; Blüten um 1 cm lang, zahlreich in lang gestielten, verlängerten, einseitswendigen, bis 10 cm langen Trauben in den Blattachseln, Kronen einheitlich blauviolett, Blütezeit VI-VIII.

Standort: Wälder, Wegränder, Getreideäcker, Gebüsche, Zäune; vor allem auf tiefgründigen, nährstoffreichen Lehmböden.

Verbreitung: In EU weit verbreitet und in den meisten Gegenden ziemlich häufig.

Wissenswertes: In Getreidefeldern gilt die V. als lästiges Wildkraut. Ihre Samen sind schwach giftig.

Wald-Wicke *Vicia sylvatica*
FAMILIE SCHMETTERLINGSBLÜTENGEWÄCHSE

Merkmale: Mehrjährig, mit kantigen, aufsteigenden oder kletternden Stängeln, 50-150 cm hoch; Blätter mit 6-8 Fiederpaaren, Endfiedern meist zu Ranken umgebildet; Blüten um 1,5 cm lang, zu mehreren in verlängerten, einseitswendigen Trauben, Kronen weißlich, blauviolett geädert, Blütezeit VI-VIII.
Standort: Wälder, Gebüsche und Säume.
Verbreitung: M.- und SO-EU, fehlt westl. des Rheins.

Wiesen-Platterbse *Lathyrus pratensis*
SCHMETTERLINGSBLÜTENGEW.

Merkmale: Mehrjährig, mit kantigem, behaartem, meist liegendem Stängel, 20-90 cm lang; Blätter mit nur 1 Fiederpaar und 1 Endranke, pfeilförmige Nebenblätter; Blüten 1-2 cm lang, zu 3-12 in lockeren Trauben, Kronen goldgelb, Blütezeit VI-VIII.
Standort: Fett- und Nasswiesen, Ufer, Gebüsche, Wälder, Waldlichtungen, Staudenfluren.
Verbreitung: In EU fast überall häufig, so auch in D, hier stellenweise aber auch selten oder fehlend.

Frühlings-Platterbse *Lathyrus vernus*
SCHMETTERLINGSBLÜTENGEWÄCHSE

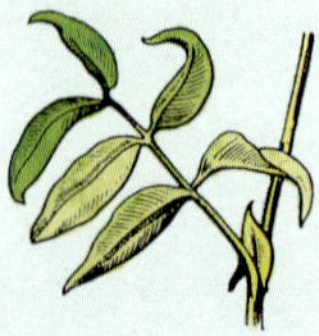

Merkmale: Mehrjährig, mit aufrechtem Stängel, 30-80 cm hoch; Blätter gefiedert, Fiedern breit oval, spitz, anstelle der Endfieder häufig nur eine schlanke Spitze; Blüten bis zu 2 cm lang, in lockerer Traube, Kronen anfangs rot, dann violett und zuletzt weißlich mit grünlich blauem Ton, Blütezeit IV-V.
Standort: Lichte Laub- und Mischwälder, im Bergland bis in 1900 m Höhe.
Verbreitung: Fast überall in EU verbreitet, fehlt jedoch im N und NW von D.

Saat-Wicke *Vicia sativa*
FAMILIE SCHMETTERLINGSBLÜTENGEWÄCHSE

Merkmale: Einjährige Pflanze mit aufrechtem oder aufsteigendem Stängel, 30-70 cm hoch; Blätter mit meist 5 Fiederpaaren; Blüten zu 1-2 in den oberen Blattachseln, bis 2,5 cm lang, Fahne rotviolett, Flügel satt purpurn oder gleichfarbig mit der Fahne, Blütezeit V-VII.
Standort: Gärten, Äcker, Brachen, Wegränder. Gelegentlich als Futterpflanze angebaut.
Verbreitung: In EU weit verbreitet.

Berg-Platterbse *Lathyrus linifolius*
SCHMETTERLINGSBLÜTENGEWÄCHSE

Merkmale: Mehrjährige, nicht rankende Pflanze, 15-30 cm hoch, Stängel schmal geflügelt, liegend oder aufsteigend; Blätter mit 2-3 Fiederpaaren, unterseits bläulich; Blüten zu 4-6 in lang gestielten, lockeren Trauben, Kronen anfangs hellpurpurn, dann zunehmend trüb blau, zuletzt hellbraun gefärbt, Blütezeit IV-VI.
Standort: Lichte Laubwälder, Heiden, Magerrasen.
Verbreitung: In ganz M.-EU weit verbreitet.

Wald-Platterbse *Lathyrus sylvestris*
SCHMETTERLINGSBLÜTENGEW.

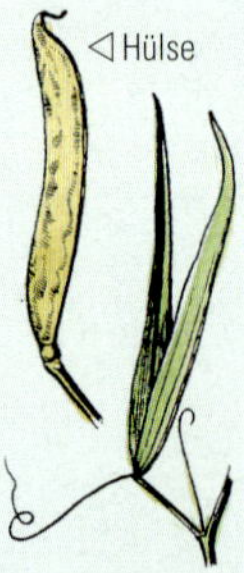

Merkmale: Formenreiche, mehrjährige Pflanze, Stängel bis zu 2 m lang, breit geflügelt; Blätter mit 1 Paar lanzettlicher, bis zu 12 cm langer Fiedern und 1 (verzweigten) Ranke, Blattstiele ebenfalls geflügelt; Blüten bis 2 cm lang, zu 3-10 in lockeren, einseitswendigen Trauben, Fahnen hellpurpurn, Flügel dunkler, Schiffchen cremeweiß, Blütezeit VII-IX.
Standort: Laub- und Mischwälder sowie Hecken.
Verbreitung: In EU weit verbreitet.

Echtes Springkraut *Impatiens noli-tangere*

F. BALSAMINENGEWÄCHSE

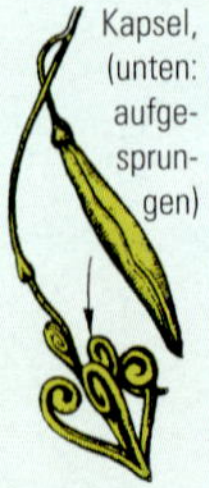
Kapsel, (unten: aufgesprungen)

Merkmale: Einjährige, 30-100 cm hohe Pflanze mit aufrechtem, glasig erscheinendem Stängel; Blätter bis zu 10 cm lang; Blüten an langen Stielen, Kronen 2-3 cm lang, gelb, innen weinrot gepunktet, mit langem, gekrümmtem Sporn, Blütezeit VI-X; reife Kapselfrucht springt bei Berührung explosionsartig auf und schleudert die Samen weg.
Standort: Feuchte Laub- und Nadelwälder, Gebüsch.
Verbreitung: In EU fast überall häufig.

Ähnlich: **Kleinblütiges Springkraut** *Impatiens parviflora,* bis 60 cm hoch, Blüten etwa 1 cm lang, blassgelb, mit geradem Sporn; in Parks und Hecken.

Drüsiges Springkraut *Impatiens glandulifera*

F. BALSAMINENGEWÄCHSE

Merkmale: Mehrjährige, stattliche Pflanze mit aufrechtem, fleischigem Stängel (kleines Foto), bis zu 2,5 m hoch; Blätter 10-25 cm lang, gegenständig oder zu 3 wirtelig, eiförmig lanzettlich, scharf gezähnt, an den Zähnen und am Blattstiel mit zahlreichen rötlichen Drüsen; Blüten 2,5-4 cm lang, hängen an langen Stielen in lockeren Trauben, Kronen mit kurzem Sporn, Blütezeit VI-X.
Standort: Bachbegleitende Gebüsche, Auenwälder, Brachen, Waldwege, Lichtungen; meist auf nährstoffreichen, feuchten Böden.
Verbreitung: In M.-EU weit verbreitet.
Wissenswertes: Das D.S. stammt aus SW-Asien (Himalaja-Gebiet), ist um 1920 vermutlich im südlichen D aus Gartenkultur verwildert und hat sich seither vielerorts eingebürgert. In Ausbreitung.

Wiesen-Lein, Purgier-Lein *Linum catharticum*

F. LEINGEWÄCHSE

Merkmale: Einjährige, zarte Pflanze mit gabelig verzweigtem, aufrechtem, schlankem Stängel, 5-20 cm hoch; Blätter im unteren Stängelbereich gegenständig, im Blütenstand wechselständig, sitzend, schmal linealisch, etwa 1 cm lang, 1-nervig; Blüten lang gestielt in lockerer Rispe, als Knospen nickend, Kronen weiß, 5-9 mm breit, 5-zählig, Kronblätter nicht eingekerbt, am Grund mit einem gelben Fleck, Blütezeit V-VIII. Leicht giftig!
Standort: Halbtrockenrasen, Feucht- und Moorwiesen, Niedermoore, Sandfluren, lichte Gebüsche; vorzugsweise auf dichtem, kalkhaltigem Boden, gilt als Anzeiger für Böden mit Tongehalt.
Verbreitung: In EU weit verbreitet, in D meist im Bergland, in den Alpen bis in 2300 m Höhe.
Wissenswertes: Der W. ist eine alte Heilpflanze, die früher als Abführmittel (zweiter Name!) sowie gegen Wurmbefall verwendet wurde.

Ausdauernder Lein *Linum perenne*

FAMILIE LEINGEWÄCHSE

Merkmale: Formenreiche, mehrjährige, etwa 30-70 cm hohe Pflanze mit aufrechten, schlanken, wenig verzweigten Stängeln; Blätter wechselständig, lanzettlich, graugrün, mit 1-3 Hauptnerven, etwa 2-4 mm breit und um 2 cm lang, am Rand leicht rau; Blüten bis 3 cm breit, zahlreich in lockeren Trauben, kurzlebig, Kronen himmelblau, Kronblätter decken sich randlich auf der gesamten Länge, Kelchblätter stumpf, die inneren breiter und länger als die äußeren, Blütezeit VI-VIII.
Standort: Lichte Kiefernwälder, Trockenrasen, Steinfluren; gelegentlich auch in Gartenkultur.
Verbreitung: Hauptsächlich in SO- und M.-EU; in D nur sehr zerstreut. **RL, §!**
Wissenswertes: Die Blüten des A.L. zeigen die Erscheinung der Heterostylie – sie entwickeln entweder lange Staubblätter und kurze Griffel oder umgekehrt. Anders als der einjährige **Saat-Lein** oder **Flachs** *Linum usitatissimum,* der als alte Kulturpflanze sowohl Flachsfasern als auch Leinsamen und Leinöl liefert, wird der A.L. bei uns als Zierpflanze für naturnahe Gärten eingesetzt.

Schmalblättriges Weidenröschen *Epilobium angustifolium*

Merkmale: Mehrjährige Pflanze mit aufrechtem, unverzweigtem Stängel, 50-150 cm hoch; Blätter wechselständig, im oberen Stängelteil oft angenähert gegenständig, kurz gestielt, Spreite schmal lanzettlich, 9-12 cm lang, spitz, oberseits dunkel-, unterseits bläulich grün, am Rand umgebogen; Blüten 2-3 cm breit, zahlreich in endständigen, lockeren Trauben, Kronen 4-zählig, purpurrot, Blütezeit VI-VIII; Kapseln schlank.

Standort: Waldränder, Gebüsche, Böschungen, Brachflächen, Bahnschotter, Felsschutt.

Verbreitung: Überall in EU verbreitet und meist sehr häufig, tritt gewöhnlich truppweise auf.

Wissenswertes: Wie auch bei den übrigen Weidenröschen enthalten die dünnen Samenkapseln eine enorme Zahl winziger Samen mit Flughaaren.

Kleinblütiges Weidenröschen *Epilobium parviflorum*

Merkmale: Mehrjährige, 20-80 cm hohe Pflanze mit aufrechtem, nur im oberen Teil wenig ästigem, kurz behaartem Stängel; Blätter im unteren Stängelteil gegenständig, weiter oben wechselständig, sehr kurz gestielt oder sitzend, lanzettlich, 1-2,5 cm breit und 4-7 cm lang, umfassen mit ihrer Basis den Stängel nicht und laufen daran auch nicht herab, am Rand mit wenigen Drüsen; Blüten lang gestielt in den Achseln der oberen Blätter, 1-1,8 cm breit, Kronen tiefrosa bis rotviolett, zur Mitte hin dunkler, vorn herzförmig ausgerandet, etwas trichterförmig, Blütezeit VI-IX.

Standort: Gräben, Ufer, Bachauen, vernässte Waldwege, meist auf feuchten Lehm- oder Tonböden.

Verbreitung: In EU weit verbreitet und fast überall häufig, so auch in D.

Zottiges Weidenröschen
Epilobium hirsutum NACHTKERZENGEW.

Merkmale: Mehrjährige Pflanze mit reich verzweigtem, aufrechtem, dicht behaartem Stängel, 50-150 cm hoch; Blätter wechselständig, teilweise auch angenähert gegenständig, sitzend und halb stängelumfassend oder mit der Basis am Stängel leicht herablaufend, lanzettlich, 1-2 cm breit und 6-12 cm lang, scharf gesägt; Blüten 2-4 cm breit, lang gestielt in den Achseln der oberen Blätter, Kronen 4-zählig, rosenrot, Narben hellrosa, mit 4 weit ausgebreiteten Ästen, Blütezeit VII-VIII.

Standort: Hochstaudenfluren an Gewässern, Nasswiesen, Auenwälder, Gräben, Ufer.

Verbreitung: In EU mit Ausnahme des N weit verbreitet; in D im nördlichen Tiefland zerstreut, in den Alpen bis in 1250 m Höhe.

Wissenswertes: Das Z.W. wurde früher in Bauerngärten oft als Zierpflanze kultiviert.

Gewöhnliches Hexenkraut
Circaea lutetiana NACHTKERZENGEW.

Merkmale: Mehrjährige, eher zierliche Pflanze mit aufrechtem, unverzweigtem, im oberen Teil flaumig behaartem Stengel, etwa 20-50 cm hoch; Blätter gegenständig, kurz gestielt, oval bis breit lanzettlich, an der Basis abgerundet oder angedeutet herzförmig, gezähnt, mattgrün, auf den Blattnerven behaart; Blüten 4-7 mm breit, zahlreich in lockeren, verlängerten Trauben, Kronen weiß oder hellrosa, mit nur 2 verkehrt herzförmigen, vorn tief eingekerbten Kronblättern, die eine 4-Zähligkeit vortäuschen, Kelchblätter drüsig behaart, Blütezeit VI-VII; kleine Nussfrüchte mit borstigen Hakenhaaren (Klettverbreitung).

Standort: Feuchte Laub- und Mischwälder, Auengebiete, vor allem im Bergland.

Verbreitung: In EU weit verbreitet; in D häufig.

Wissenswertes: Nach altem Aberglauben gilt das H. als Zauberpflanze – mit ungesicherter Wirkung.

Gewöhnliche Nachtkerze

Oenothera biennis NACHTKERZENGEW.

Merkmale: Zweijährige Pflanze mit meist unverzweigtem, aufrechtem, 50-150 cm hohem Stängel; grundständige Blätter in einer Rosette, Stängelblätter sitzend, lanzettlich, glattrandig oder fein gezähnt, unbehaart; Blüten 3-6 cm breit, einzeln in der Achsel der oberen Blätter, öffnen sich gegen Abend mit vernehmlichem Knistern, verwelken im Lauf des Folgetags, Blütezeit VI-IX.
Standort: Steinbrüche, Bahndämme, Brachen, Wegränder, Böschungen, Gärten.
Verbreitung: Stammt aus N-Amerika, fast überall in EU verwildert, in D außer in Gebirgen häufig.

Ähnlich: **Kleinblütige Nachtkerze** *Oenothera parviflora*, Blüten bis 4 cm breit; Sandfluren, Dünen; in D vor allem im NW häufig.

Gewöhnliches Kreuzblümchen

Polygala vulgaris

Merkmale: Mehrjährige, formenreiche Pflanze mit aufrechtem oder aufsteigendem, ästigem Stängel, meist 10-25 cm hoch; Blätter wechselständig, kurz gestielt, schmal elliptisch bis linealisch, etwas ledrig; Blüten um 8 mm lang, zu mehreren in endständiger Traube, kronblattartige Kelchblätter sowie Kronen dunkelblau bis violett, selten auch weiß oder rötlich, Blütezeit V-VIII.
Standort: Hecken, Böschungen, Sandfluren, Halbtrockenrasen, Wiesen, Heiden.
Verbreitung: In weiten Teilen von EU verbreitet, in den meisten Gegenden von D zerstreut.

Ähnlich: **Bitteres Kreuzblümchen** *Polygala amara*, untere Blätter rosettenartig, schmecken beim Zerkauen stark bitter; Steinfluren.

Diptam *Dictamnus albus*

FAMILIE KREUZBLUMENGEWÄCHSE

Merkmale: Mehrjährige, zumeist sehr stattliche Pflanze mit aufrechtem, verzweigtem, bis über 1 m hohem, dicht drüsig behaartem Stängel; Blätter wechselständig, unpaarig gefiedert, Fiedern durchscheinend punktiert, gezähnt, duften beim Abstreifen aromatisch nach Zitrone; Blüten 2-3 cm breit, 2-seitig symmetrisch, zu mehreren in endständiger, lockerer Traube, Kronblätter ungleich groß, weißlich, purpurn bis violett geädert, Blütezeit V-VI.
Standort: Lichte Trockenwälder, Gebüsche, Waldsäume, Felsfluren, Halbtrockenrasen; meist auf Kalk.
Verbreitung: In S-EU sowie im südlichen M.-EU; in D sehr zerstreut, nordwärts nur bis zum Mittelrhein- und Moselgebiet. **RL, §!**
Wissenswertes: Die heute nicht mehr verwendete Heil- und Aromapflanze wurde früher vielfach in Bauerngärten angepflanzt.

Blut-Weiderich *Lythrum salicaria*

FAMILIE WEIDERICHGEWÄCHSE

Merkmale: Mehrjährige Pflanze mit 4-kantigem, aufrechtem, meist unverzweigtem, 50-150 cm hohem, im oberen Teil behaartem Stängel; Blätter gegenständig, seltener auch zu 3 in Wirteln, bis zu 10 cm lang, lanzettlich, an der Basis leicht gerundet; Blüten um 2 cm breit, zahlreich in dichter, endständiger Ähre, Kronblätter meist 6, weinrot bis kräftig purpurviolett, Blütezeit VI-IX.
Standort: Gräben, Ufer, Nasswiesen, Röhrichte, Bruchwälder; erträgt Überflutung.
Verbreitung: In fast allen Teilen von EU mit Ausnahme des hohen N weit verbreitet; in D stellenweise häufig.
Wissenswertes: Vom B. gibt es 3 verschiedene Varianten, die sich äußerlich in der Länge der Staubblätter und der Griffel sowie in der Pollengröße und -farbe unterscheiden. Eine erfolgreiche Bestäubung und Befruchtung ist nur zwischen den jeweils passenden Typen möglich.

Wald-Sauerklee *Oxalis acetosella*
FAMILIE SAUERKLEEGEWÄCHSE

Merkmale: Mehrjährige, zarte Pflanze von 5-15 cm Höhe; Blätter allesamt grundständig, lang gestielt, kleeähnlich 3-zählig gefiedert, Fiedern falten und senken sich bei Dunkelheit (Zeichnung), saurer Geschmack; Blüten einzeln, lang gestielt, Kronen weiß mit dunkleren Streifen, Blütezeit IV-V.
Standort: Frische bis feuchte Laub- und Mischwälder, Gebüsche; Schattenpflanze.
Verbreitung: In EU fast überall verbreitet.

Aufrechter Sauerklee *Oxalis fontana*
FAMILIE SAUERKLEEGEWÄCHSE

Merkmale: Ein- bis mehrjährige Pflanze mit aufrechtem, ästigem Stängel, 15-40 cm hoch; Blätter 3-zählig gefiedert; Blüten in lockerer Traube, bis zu 1,5 cm breit, Kronen gelb, Blütezeit IV-X; reife Kapseln schleudern die Samen explosiv aus.
Standort: Äcker, Gärten, Parks, Gehwegränder.
Verbreitung: Stammt aus N-Amerika; in D seit dem vorigen Jh. an vielen Stellen fest eingebürgert.

Wassernuss *Trapa natans*
FAMILIE WASSERNUSSGEWÄCHSE

Merkmale: Einjährige Schwimmpflanze mit Rosetten von rautenförmigen, vorn grob gezähnten Blattspreiten und blasig aufgetriebenen Blattstielen, oft rötlich überlaufen; Blüten einzeln in den Blattachseln, 4 Kronblätter, Kelch mit 4 hornförmigen Fortsätzen, Blütezeit VI-VIII.
Standort: Warme, stehende Gewässer, Altarme; wird gelegentlich für Gartenteiche gehandelt.
Verbreitung: Weltweit; in D sehr vereinzelt. **RL, §!**

Ähriges Tausendblatt *Myriophyllum spicatum*
TAUSENDBLATTGEW.

Merkmale: Mehrjährige Wasserpflanze mit verzweigten, untergetauchten oder flutenden Stängeln, bis zu 120 cm lang; Blätter zu 4 in Quirlen, Spreiten 2-5 cm lang, mit zahlreichen, borstenartigen Seitenfiedern; Blüten winzig, unscheinbar, in einer aus dem Wasser ragenden Ähre, Blütezeit VI-VIII.
Standort: Stehende oder langsam fließende, meist nährstoffreiche Gewässer.
Verbreitung: In M.- und S-EU; in D relativ verbreitet.

Tannenwedel *Hippuris vulgaris*
FAMILIE TANNENWEDELGEWÄCHSE

Merkmale: Mehrjährige Wasserpflanze mit 20-50 cm langen, bogig aus dem Wasser aufsteigenden und aufragenden Stängeln; Blätter zu 4-20 quirlständig, steif abstehend, linealisch, höchstens 3 mm breit und bis zu 2 cm lang; Blüten unscheinbar, Blütezeit VI-VIII.
Standort: Röhrichte nährstoffreicher, stehender oder langsam fließender Gewässer.
Verbreitung: In EU weit verbreitet; in D meist nur zerstreut, gelegentlich angepflanzt.

Wassernabel *Hydrocotyle vulgaris*
FAMILIE WASSERNABELGEWÄCHSE

Merkmale: Mehrjährige, zarte Pflanze mit fadendünnen, kriechenden, bis zu 1 m langen Stängeln; Blätter 4-20 cm lang gestielt, mit schildförmiger, rundlicher Spreite; Blüten in kopfigen Dolden unterhalb der Blätter, Kronen rötlich weiß, Blütezeit VII-VIII.
Standort: Feuchte Wiesen, Gräben, Ufer, Niedermoore, Verlandungszonen von Gewässern.
Verbreitung: In M.-EU besonders im NW, u.a. in der Norddt. Tiefebene, sonst zerstreut, fehlt in den Alpen.

Stinkender Storchschnabel
Geranium robertianum STORCHSCHNA.

Merkmale: Auch Ruprechtskraut genannt; einjährig, mit aufrechtem, verzweigtem, meist karminrotem, dicht behaartem Stängel, Höhe 10-50 cm; Blätter 3- bis 5-zählig gefiedert, beim Zerreiben unangenehm riechend; Blüten 1-2 cm breit, lang gestielt, Kronen rosa mit hellen Streifen, Blütezeit V-X.
Standort: Gebüsche, Zäune, Mauern, Wälder.
Verbreitung: In EU fast überall häufig.

Wald-Storchschnabel *Geranium sylvaticum* STORCHSCHNABELG.

Merkmale: Mehrjährig, 30-60 cm hoch, mit aufrechtem, behaartem Stängel; Blätter nicht ganz bis zur Spreitenbasis handförmig; Blüten bis zu 3,5 cm breit, kräftig rotviolett, Blütezeit VI-VII, Blütenstiele bleiben nach dem Abblühen aufrecht.
Standort: Wald- und Gebüschsäume, Bergwiesen, Staudenfluren, Mischwälder.
Verbreitung: In EU weit verbreitet; in D vor allem im Bergland, sonst nur zerstreut.

Weicher Storchschnabel
Geranium molle STORCHSCHNABELGEW.

Merkmale: Ein- bis zweijährige Pflanze mit aufsteigenden, reich verzweigten, bis zu 30 cm hohen, weich und zottig behaarten Stängeln; Blätter im Umriss rundlich, bis zur Mitte 5- bis 9-teilig, weich behaart; Blüten zu jeweils 2 in den oberen Blattachseln, bis zu 1,5 cm breit, Kronblätter hellrot bis hellviolett, tief ausgerandet, Blütezeit V-IX.
Standort: Wegränder, besonnte Mauern, Halbtrockenrasen, Schuttstellen.
Verbreitung: Fast überall in EU häufig.

Wiesen-Storchschnabel
Geranium pratense STORCHSCHNABELG.

Merkmale: Mehrjährig, bis zu 60 cm hoch, mit aufrechtem, verzweigtem, behaartem Stängel; Blätter handförmig 5- bis 7-teilig, kurzborstig behaart; Blüten 2-4 cm breit, in Rispen, Kronen blauviolett, dunkler geädert, Blütezeit VI-VIII, abgeblühte Stiele senken sich.
Standort: Nährstoffreiche, feuchte Wiesen, Gebüsche; vorwiegend auf Kalkböden.
Verbreitung: M.- und O-EU; in D nur im N selten.

Schlitzblättriger Storchschnabel *Geranium dissectum*

Merkmale: Einjährige, bis zu 50 cm hohe Pflanze mit aufrechtem, ästigem, behaartem Stängel; Blätter gestielt, Spreite bis zur Basis geteilt mit linealischen Abschnitten; Blüten meist zu 2 in den oberen Blattachseln, etwa 1 cm breit, Kronblätter rot, ausgerandet, Blütezeit V-X.
Standort: Wegränder, Äcker, Schuttstellen.
Verbreitung: Stammt aus dem Mittelmeergebiet; in EU weithin eingebürgert, in D nach S zu häufiger.

Gewöhnlicher Reiherschnabel
Erodium cicutarium STORCHSCHNABELG.

Merkmale: Formenreiche einjährige Pflanze mit 15-30 cm langen, meist liegenden, oft rot überlaufenen Stängeln; Blätter unpaarig gefiedert, Fiedern oval, tief fiederspaltig; Blüten zu 3-8 in offener Dolde, Kronen bis 2 cm breit, rotviolett oder rosa, an der Basis dunkler, Blütezeit IV-X.
Standort: Äcker, Wegränder, Brachflächen, Dünen, Trockenwiesen, Parkrasen.
Verbreitung: In EU weit verbreitet; in D eher selten, nur in manchen Gegenden häufig.

Feld-Mannstreu *Eryngium campestre* F. DOLDENBLÜTENGEWÄCHSE

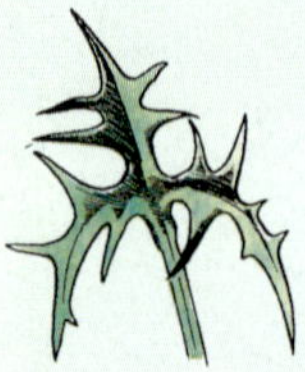

Merkmale: Mehrjährige, sparrig verzweigte Pflanze mit aufrechten oder ausgebreiteten Stängeln, 15-70 cm hoch; Blätter ungeteilt oder handförmig fiederteilig, am Rand mit dornigen Spitzen, die unteren gestielt, die oberen sitzend, ledrig derb, weißlich grün; Blüten weiß oder grünlich, zahlreich in bis zu 1,5 cm breiten kugeligen Köpfchen mit lanzettlichen, dornigen Hüllblättern, Blütezeit VII-IX.
Standort: Trockenrasen, Felsfluren, Wegränder, sonnige Gebüsche, Kiesgruben; meist auf kalkhaltigen Lehm- oder Lößböden.
Verbreitung: M.- und S-EU; in D nur zerstreut.
Wissenswertes: Mit seiner Disteltracht ist der F. ein ungewöhnlicher Vertreter der Familie. Seine trockenen Fruchtstände werden vom Wind als so genannte »Steppenhexen« verdriftet.

Stranddistel *Eryngium maritimum* FAMILIE DOLDENBLÜTENGEWÄCHSE

Blüte

Merkmale: Zwei- bis mehrjährige, sparrig verzweigte, bis zu 60 cm hohe Pflanze, oft als halbkugeliger Busch wachsend; grundständige Blätter lang gestielt, Stängelblätter sitzend, Spreite derb, starr, im Umriss rundlich nierenförmig bis lappig gebuchtet, am Rand mit langen dornigen Spitzen, grauweiß, meist graublau überlaufen; Blüten klein, zahlreich in dichten, von bläulichen Hochblättern umgebenen Köpfchen, diese zu mehreren in lockeren, wenigstrahligen Scheindolden, Blütezeit VI-X.
Standort: Weiß- und Graudünen an der Küste oberhalb der Hochwasserlinie.
Verbreitung: Küsten vom Mittelmeer bis zur Ostsee, stellenweise selten; fehlt im Binnenland. **RL! §!**
Wissenswertes: Die derben Blätter der S. ertragen problemlos den feinen Flugsand, der am Standort wie ein Sandstrahlgebläse wirkt.

Wald-Sanikel *Sanicula europaea* FAMILIE DOLDENBLÜTENGEWÄCHSE

Merkmale: Mehrjährige, bis zu 50 cm hohe Pflanze mit aufrechtem, wenig verzweigtem Stängel, in allen Teilen kahl; grundständige Blätter lang gestielt, im Umriss rundlich, etwas ledrig, immergrün, tief handförmig geteilt mit gezähnten Lappen, Stängelblätter sehr kurz gestielt, fehlen oft ganz; Blüten klein, zu mehreren in kopfigen Döldchen, Kronen weiß oder rosa, außen meist rein ♂, innen überwiegend zwittrige Blüten, Blütezeit V-VII.
Standort: Krautreiche, humose Laub- und Mischwälder; meist auf kalkhaltigen Böden.
Verbreitung: In EU weit verbreitet; in D zerstreut, im Norddeutschen Tiefland ausgesprochen selten, im Bergland bis in etwa 1600 m Höhe.
Wissenswertes: Früher war die Pflanze als angeblich universelles Heilmittel sehr geschätzt, heute wird sie jedoch medizinisch nicht mehr verwendet.

Große Sterndolde *Astrantia major* FAMILIE DOLDENBLÜTENGEWÄCHSE

Merkmale: Mehrjährige Pflanze, 30-100 cm hoch, mit aufrechtem, wenig verzweigtem, kahlem Stängel; Blätter 5- bis 7-teilig, Lappen grob gezähnt, die beiden seitlichen oft miteinander verwachsen, Grundblätter lang gestielt, 10-20 cm breit, Stängelblätter kleiner; Blüten sehr klein, weißlich, zahlreich in einer dichten, köpfchenartigen, lang gestielten Dolde beieinander stehend, deren Hüllblätter lanzettlich bis oval, grünlich oder rötlich, Blütezeit VII-VIII.
Standort: Bergwiesen, Bergwälder, Gebüsche, Hochstaudenfluren; vorwiegend auf kalkhaltigem Lehmboden.
Verbreitung: Im südlichen M.- sowie in S-EU, fehlt in D im N und NW, im Gebirge bis in 2000 m Höhe.
Wissenswertes: Die sternförmig ausgebreiteten Hüllblätter lassen die Blütendolde wie eine besonders üppige Einzelblüte erscheinen.

Hecken-Kälberkropf *Chaerophyllum temulum* DOLDENBLÜTENGEW.

Merkmale: Zweijährige Pflanze, 30-150 cm hoch, mit aufrechtem, rundem, steifhaarigem und vor allem im unteren Teil rot geflecktem Stängel, der unterhalb der Blattknoten deutlich verdickt ist; Blätter doppelt gefiedert, Fiedern am Rand gekerbt, graugrün; Blüten weiß, zahlreich in zusammengesetzten Dolden, die Dolden ohne Hüllblätter, die einzelnen Döldchen hingegen jeweils mit einem Hüllchen aus 4-8 schmalen, bewimperten Blättern, Blütezeit V-VII.

Standort: Parkanlagen, Gebüsche, Gärten, Waldränder, Schuttstellen; vorzugsweise auf stickstoffreichen Böden.

Verbreitung: In EU weit verbreitet; in D vor allem im Tiefland, im Bergland nur bis in 600 m Höhe.

Wissenswertes: Die Pflanze ist in allen Teilen giftig, nicht nur für den Menschen, sondern auch für Weidetiere. Beim Verzehr ruft sie Lähmungen hervor, worauf ihr weiterer Name Taumel-Kälberkropf Bezug nimmt.

Gefleckter Schierling *Conium maculatum* F. DOLDENBLÜTENGEWÄCHSE

Merkmale: Ein- oder zweijährige Pflanze mit 1-2 m hohem, reich verzweigtem Stängel, der fein gerillt und bläulich bereift sowie an der Basis auffällig rotbraun gefleckt ist; Blätter 2- bis 4-fach gefiedert, oberseits dunkelgrün, unterseits graugrün, beim Zerreiben unangenehm riechend; Blüten bis zu 2 mm breit, weiß, zahlreich in aus 8-20 kleinen Döldchen zusammengesetzten Dolden mit vielblättriger Hülle, Blütezeit VI-VIII.

Standort: Brachen, Hecken, Gärten, Wegränder, Schuttstellen, Mauern.

Verbreitung: In EU weit verbreitet, nordwärts bis S-Skandinavien; in D nur stellenweise häufig.

Wissenswertes: Alle Teile dieser Pflanze sind tödlich giftig. Im Altertum wurden damit Todesurteile vollstreckt (Sokrates).

Gift-Wasserschierling *Cicuta virosa* FAMILIE DOLDENBLÜTENGEWÄCHSE

Merkmale: Mehrjährige Pflanze mit kräftigem Wurzelstock und aufrechtem, bis zu 120 cm hohem, kahlem Stängel; Blätter 2- bis 3-fach gefiedert, Fiedern schmal lanzettlich, scharf gezähnt, bis zu 8 cm lang; Blüten weiß, zahlreich in zusammengesetzten Dolden mit wenigen (mitunter fehlenden) Hüll- und vielen Hüllchenblättern, Blütezeit VI-VIII.

Standort: Gräben, Ufer, Röhrichte, Sümpfe, Altarme von Flüssen; bevorzugt auf staunassen und zeitweise überschwemmten Böden.

Verbreitung: In M.- und N-EU weit verbreitet; in D meist nur zerstreut, in vielen Gebieten fehlend.

Wissenswertes: Der G. gehört zusammen mit dem Gefleckten Schierling zu den gefährlichsten Vertretern seiner Familie und zu den giftigsten heimischen Pflanzenarten. Schon der Verzehr von 2-3 g der frischen Pflanze kann tödlich sein.

Hundspetersilie *Aethusa cynapium* FAMILIE DOLDENBLÜTENGEWÄCHSE

Merkmale: Formenreiche, einjährige Pflanze mit aufrechtem, 20-100 cm hohem Stängel, der bläulich bereift und oft rötlich überlaufen ist; Blätter 2- bis 3-fach gefiedert, mit meist schmalen, zipfeligen Abschnitten, oberseits auffallend glänzend dunkelgrün (bei der Garten-Petersilie matt); Blüten weiß, zahlreich in einer zusammengesetzten Dolde mit 10-20 Strahlen, ohne Hüllblätter, an der Außenseite der einzelnen Döldchen jeweils 3 herabhängende Hüllchenblätter, Blütezeit VI-X.

Standort: Brachen, Hackfruchtäcker, Weinberge, Gärten, Schutt- und Abfallstellen; meist auf nährstoffreichem, lehmigem Boden.

Verbreitung: In M.-EU weit verbreitet; in D nur stellenweise häufig, im S eher zerstreut, im Alpenraum ziemlich selten.

Wissenswertes: Die H. zählt zu den sehr giftigen Vertretern der Doldenblütengewächse. Eine Verwechslung mit glattblättrigen Sorten der Garten-Petersilie kann zu tödlichen Vergiftungen führen. Die Symptome reichen von Mundbrennen und Erbrechen über Schüttelkrämpfe bis zur Atemlähmung.

Wiesen-Kerbel *Anthriscus sylvestris* F. DOLDENBLÜTENGEWÄCHSE

Merkmale: Formenreiche, zwei- oder mehrjährige Pflanze, 50-150 cm hoch, der aufrechte, verzweigte Stängel gerillt, nur an der Basis rau behaart und niemals rötlich gefleckt; Blätter 2- bis 3-fach gefiedert, Fiedern lanzettlich, oberseits glänzend dunkelgrün, unterseits hellgrün, kahl; Blüten weiß, zahlreich in zusammengesetzten Dolden, (meist) ohne Hülle, Döldchen mit 4-8 schmalen Hüllchenblättern, Blütezeit IV-VII.

Standort: Waldränder, Gebüsche, Säume, Böschungen, Brachen; v.a. auf nährstoffreichen Böden, auf überdüngten Wiesen oft massenhaft.

Verbreitung: In M.- und N-EU weit verbreitet, in S-EU selten; in D überall sehr häufig.

Wissenswertes: Der Hautkontakt mit frisch geschnittenen Pflanzenteilen kann die so genannte Wiesendermatitis auslösen.

Große Bibernelle *Pimpinella major* FAMILIE DOLDENBLÜTENGEWÄCHSE

Merkmale: Mehrjährige, 40-90 cm hohe Pflanze mit aufrechtem, kantig gefurchtem und bis oben beblättertem Stängel; Blätter unpaarig einfach gefiedert, Fiedern bis zu 4 cm lang, gezähnt, Endfieder eventuell schwach gelappt; Blüten weiß oder hellrosa, zahlreich in einer 3-6 cm breiten, zusammengesetzten Dolde mit 10-15 dünnen Strahlen und ohne Hüll- und Hüllchenblätter, Blütezeit VI-IX.

Standort: Hochstaudenfluren, Wiesen, Gebüsche, Waldsäume; meist auf feuchten und nährstoffreichen, aber nicht überdüngten Lehmböden.

Verbreitung: In EU weit verbreitet; fehlt in D im nordwestl. Tiefland, sonst fast überall häufig.

Wissenswertes: Die G.B. enthält in allen Teilen ätherisches Öl und scharf schmeckende Stoffe, die auch medizinisch genutzt werden.

Wiesen-Bärenklau *Heracleum sphondylium* DOLDENBLÜTENGEWÄCHSE

Frucht

Merkmale: Mehrjährige, kräftige Pflanze, 80-160 cm hoch, mit aufrechtem, borstig steif behaartem, kantig gefurchtem Stängel; Blätter grob gefiedert oder stark gelappt, oberseits dicht steifhaarig, grob gezähnt, ziemlich derb, mit auffälliger, gestreifter Blattscheide; Blüten weiß, zahlreich in 5-15 cm breiten, zusammengesetzten Dolden mit fehlender oder höchstens 6-teiliger Hülle und zahlreichen Hüllchenblättern, Blütezeit VI-IX.

Standort: Fettwiesen, Wegränder, Gebüsche, Schuttstellen, Brachflächen, Gärten.

Verbreitung: Überall in EU verbreitet; in D in den meisten Gebieten sehr häufig.

Wissenswertes: Die Randblüten der Dolde sind nach außen hin stark vergrößert und lassen den Blütenstand als übergroße Blume erscheinen.

Riesen-Bärenklau *Heracleum mantegazzianum* DOLDENBLÜTENGEW.

Merkmale: Stattliche, zwei- bis mehrjährige Pflanze, 1-3,5 m hoch, mit aufrechtem, kantig gefurchtem, am Grund armdickem Stängel; Blätter sehr groß, Grundblätter mit Stiel bis über 2 m lang, Stängelblätter mit auffälliger Blattscheide, tief 3- bis 5-teilig mit fiederteiligen, spitzen Abschnitten, unterseits kurz behaart; Blüten weiß, in 10-50 cm breiten Dolden mit 50-100 Strahlen ohne Hülle, aber mit zahlreichen Hüllchenblättern, Blütezeit VI-IX.

Standort: Weg- und Waldränder, Staudenfluren, Böschungen, Brachflächen, Gärten.

Verbreitung: Stammt aus dem Kaukasus, wurde als Bienenweide und Zierpflanze nach M.-EU eingeführt, inzwischen vielerorts eingebürgert.

Wissenswertes: Der Saft aus Stängel, Blättern und Haaren des R. enthält Giftstoffe, die bei Hautkontakt, insbesondere mit anschließender Sonnenbestrahlung, oft schwere, schmerzhafte Entzündungen mit brandblasenähnlichen Symptomen oder zumindest dunkle, lange bleibende Verfärbungen der Haut hervorrufen.

Breitsame *Orlaya grandiflora*
FAMILIE DOLDENBLÜTENGEWÄCHSE

Merkmale: Einjährige, 10-30 cm hohe Pflanze mit aufsteigendem oder aufrechtem, meist verzweigtem Stängel; Blätter einfach gefiedert mit schmalen Zipfeln; Blüten weiß, in zusammengesetzter Dolde mit stark vergrößerten Randblüten, Blütezeit VI-VIII.
Standort: Äcker, Brachen, Wegränder.
Verbreitung: Vor allem in S-EU; in D nur in ausgesprochenen Wärmegebieten.

Giersch, Geißfuß *Aegopodium podagraria*
F. DOLDENBLÜTENGEWÄCHSE

Merkmale: Mehrjährige, bis zu 1 m hohe Pflanze mit kantigem, verzweigtem Stängel; Blätter doppelt 3-zählig gefiedert, Fiedern oval, gezähnt, bis zu 4 cm breit und 10 cm lang; Blüten weiß in zusammengesetzten Dolden ohne Hülle und Hüllchen, Blütezeit V-VII.
Standort: Waldränder, Gebüsche, Zäune; gern auf nährstoffreichen Böden, z.B. in Gartenbeeten.
Verbreitung: Überall in EU; in D allerorten häufig.

Pastinak *Pastinaca sativa*
FAMILIE DOLDENBLÜTENGEWÄCHSE

Merkmale: Zweijährige Pflanze, 30-100 cm hoch, mit aufrechtem, kantig gefurchtem, behaartem Stängel; Blätter unpaarig gefiedert, Fiedern bis zu 2 cm breit und 5 cm lang, gekerbt, beim Zerreiben aromatisch duftend; Blüten gelb, stark duftend, in zusammengesetzten Dolden ohne Hülle oder Hüllchen, Blütezeit VII-IX.
Standort: Wiesen, Wegränder, Brachflächen.
Verbreitung: In EU weit verbreitet; in D fast überall häufig. Alte Kulturpflanze.

Wiesen-Kümmel *Carum carvi*
FAMILIE DOLDENBLÜTENGEWÄCHSE

Merkmale: Zweijährige Pflanze mit ästigem Stängel, 30-80 cm hoch; Blätter 2- bis 3-fach gefiedert mit schmalen Zipfeln, beim Zerreiben duftend; Blüten weiß, in zusammengesetzten Dolden mit ungleich langen Strahlen, meist ohne Hülle und Hüllchen, Blütezeit IV-VI.
Standort: Wiesen, Weiden, Wegränder.
Verbreitung: In EU nahezu überall verbreitet; in D nur im Tiefland selten.

Wilde Möhre *Daucus carota*
FAMILIE DOLDENBLÜTENGEWÄCHSE

Merkmale: Zweijährige, bis zu 90 cm hohe Pflanze mit aufrechtem, borstigem Stängel; Blätter mehrfach gefiedert mit schmalen Endzipfeln, beim Zerreiben nach Mohrrübe duftend; zentrale Blüte schwarzpurpurn, die übrigen weiß, zahlreich in zusammengesetzten Dolden mit schmal fiederteiligen Hüll- und Hüllchenblättern, Blütezeit V-IX.
Standort: Wiesen, Halbtrockenrasen, Raine.
Verbreitung: M.- und S-EU; in D häufig.

Wald-Engelwurz *Angelica sylvestris*
F. DOLDENBLÜTENGEWÄCHSE

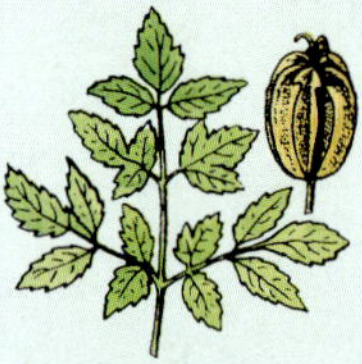

Merkmale: Stattliche, zweijährige Pflanze mit aufrechtem, rundem, weißlich bereiftem Stängel; Blätter bis zu 3-fach gefiedert, mit großer, bauchiger Blattscheide, Fiedern oval, gezähnt; Blüten weiß oder rötlich, in großen, zusammengesetzten Dolden ohne Hülle, aber mit vielzähligem Hüllchen, Blütezeit VII-IX.
Standort: Wälder, Auen, Nasswiesen, Ufer.
Verbreitung: Fast überall in EU; in D weit verbreitet, im Bergland bis in etwa 1700 m Höhe.

Röhrenblütige und ihre Verwandten

In dieser umfangreichen Verwandtschaftsgruppe sind alle diejenigen Familien zusammengefasst, deren Kelch- und Kronblätter jeweils zu einem einheitlichen Gebilde von glockiger oder röhrenförmiger Gestalt verwachsen sind. Die Anzahl der an der Verwachsung beteiligten Blütenblätter kann man noch an den freien Zipfeln ablesen. Zwei wichtige Entwicklungslinien lassen sich bei den Röhrenblütigen verfolgen. Die eine betrifft die Umstellung der Blütensymmetrie: Bei den Braunwurz- bzw. Rachenblütengewächsen treten alle Übergänge von strahlig (Königskerzen) zu zweiseitig (Leinkraut) auf. Bei den Lippenblütengewächsen kommen hingegen nur noch spiegelsymmetrische Blütenformen vor.
Einen anderen bemerkenswerten Trend zeigen die Korbblütengewächse, die artenreichste Familie der heimischen Blütenpflanzenflora. Hier sind jeweils viele Einzelblüten zu kompakten Blütenständen, den so genannten Körbchen, zusammengerückt, die wie eine besonders üppige Einzelblume wirken. Ein solches Körbchen kann, wie bei der Margerite, aus flachen Zungen- und kurzen Röhrenblüten bestehen oder auch nur Zungen- oder nur Röhrenblüten aufweisen.

Rundblättrige Glockenblume

Schwalbenwurz *Vincetoxicum hirundinaria* SEIDENPFLANZENGEWÄCHSE

Merkmale: Mehrjährig, 40-70 cm hoch, mit aufrechtem Stängel; Blätter gegenständig, länglich, an der Basis herzförmig, glattrandig, dunkel bläulich grün; Blüten in kleinen Trauben in den Blattachseln, Kronen weiß, 5-7 mm breit, trichterförmig, Blütezeit V-VIII.
Standort: Lichte Wälder, Halbtrockenrasen, Steinbrüche, Steinhalden; zumeist auf Kalk.
Verbreitung: In EU weit verbreitet; in D zerstreut.

Seekanne *Nymphoides peltata* FAMILIE FIEBERKLEEGEWÄCHSE

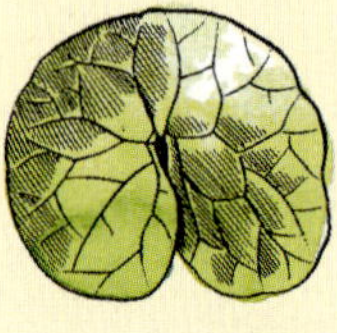

Merkmale: Mehrjährige Wasserpflanze mit kriechender Grundachse und langen, flutenden Stängeln; Schwimmblätter lang gestielt, rundlich, ähneln denen einer Seerose, aber nur 4-8 cm breit, unterseits drüsig punktiert; Blüten bis zu 3 cm breit, Kronen kräftig gelb, gewimpert, Blütezeit VII-IX.
Standort: Nährstoffreiche, stehende oder langsam fließende Gewässer, Altarme.
Verbreitung: N- und M.-EU; in D selten. **RL, §!**

Gefranster Enzian *Gentianella ciliata* FAMILIE ENZIANGEWÄCHSE

Merkmale: Mehrjährige, 8-20 cm hohe Pflanze mit kantigem, meist unverzweigtem, aufsteigendem Stängel; Blätter überwiegend wechselständig, schmal lanzettlich, 1-nervig; Blüten meist einzeln, 2-4,5 cm lang, Krone dunkelblau, Kronzipfel eingeschnitten bis lang gefranst, Blütezeit VII-X.
Standort: Trockenrasen, Gebüsche, lichte Wälder; meist auf Kalkböden, im Gebirge bis in über 2200 m Höhe.
Verbreitung: M.- und S-EU; in D selten, fehlt hier nördlich der Mittelgebirge. **RL, §!**

Fieberklee *Menyanthes trifoliata* FAMILIE FIEBERKLEEGEWÄCHSE

Merkmale: Mehrjährig, 15-30 cm hoch, mit aufrechtem Stängel; Blätter lang gestielt, 3-zählig gefiedert, etwas fleischig; Blüten 1-1,6 cm breit, zu mehreren in aufrechter Traube, Kronblätter anfangs rötlich, dann weiß, am Rand bärtig behaart, Blütezeit V-VII.
Standort: Sümpfe, Moore, Verlandungsgürtel.
Verbreitung: N- und M.-EU; in D weit verbreitet, aber in den meisten Regionen selten. **RL, §!**

Echtes Tausendgüldenkraut *Centaurium erythraea* ENZIANGEW.

Merkmale: Zweijährige Pflanze mit aufrechtem, 10-40 cm hohem Stängel; Rosettenblätter elliptisch eiförmig, Stängelblätter länglich lanzettlich, 5-nervig; Blüten zahlreich in lockerer, endständiger Scheindolde, Kronen rosarot, Blütezeit VII-IX.
Standort: Halbtrockenrasen, Waldränder, Gebüsche, vorzugsweise auf Kalkböden.
Verbreitung: Fast überall in EU verbreitet, in D jedoch meist nur zerstreut. **§!**

Feld-Enzian *Gentianella campestris* FAMILIE ENZIANGEWÄCHSE

Merkmale: Formenreiche zweijährige Pflanze mit ästigem, aufrechtem, bis zu 35 cm hohem Stängel; Blätter spatelförmig bis oval, 1-3 cm lang; Blüten bis zu 3 cm lang, Krone 4-zipfelig, im Schlund bärtig gefranst, lila, selten auch weiß, Kelchzipfel sehr ungleich groß, die beiden breiten äußeren bedecken die beiden schmalen inneren weitgehend, Blütezeit V-X.
Standort: Magerrasen, Trockenwiesen, Heiden, Gebüschsäume; oft auch auf Silikatböden.
Verbreitung: Fast überall in EU; in D von den Mittelgebirgen bis in die Alpen. **§!**

Gewöhnliche Zaunwinde *Calystegia sepium* F. WINDENGEWÄCHSE

Merkmale: Mehrjährige Kletterpflanze mit 1-3 m langem, windendem Stängel; Blätter wechselständig, bis zu 15 cm lang; Blüten weiß, Kronen bis zu 5 cm lang und breit, schließen sich nachts und bei trübem Wetter, Kelchblätter klein, 2 grüne, herzförmige Vorblätter, Blütezeit VI-IX.
Standort: Hecken, Zäune, Gärten, Gebüsche.
Verbreitung: In EU verbreitet; in D häufig.

Strand-Zaunwinde *Calystegia soldanella* FAMILIE WINDENGEWÄCHSE

Merkmale: Mehrjährige Pflanze mit liegendem, 10-50 cm langem Stängel; Blätter rundlich nierenförmig, etwas fleischig, dunkelgrün; Blüten gestielt in den Blattachseln, Kronen rosa mit weißen Streifen, bis zu 5 cm lang und ebenso breit, Blütezeit VII-VIII.
Standort: Weißdünen, Strandwälle.
Verbreitung: Mittelmeer- und Atlantikküste, an der Nordsee sehr selten. **RL! §!**

Acker-Winde *Convolvulus arvensis* FAMILIE WINDENGEWÄCHSE

Merkmale: Mehrjährige Kletterpflanze mit 20-100 cm langem, meist kriechendem Stängel; Blätter wechselständig, pfeil- bis spießförmig; Blüten gestielt in den Blattachseln, Kronen 2,5-4 cm breit, weiß mit rosa Streifen, blühen nur 1 Tag, Vorblätter unter dem Kelch klein, Blütezeit VI-IX.
Standort: Nährstoffreiche Äcker, Weinberge.
Verbreitung: Fast überall in EU; in D außerhalb der Gebirge ziemlich häufig.

Himmelsleiter *Polemonium coeruleum* F. HIMMELSLEITERGEWÄCHSE

Merkmale: Mehrjährig, 30-80 cm hoch, mit aufrechtem, kantig gefurchtem Stängel; Blätter unpaarig gefiedert, Fiedern lanzettlich, bis zu 4 cm lang, aber nur bis zu 5 mm breit; Blüten bis zu 3 cm breit, Kronen himmelblau, seltener weiß, Staubblätter weit vorragend, Blütezeit VI-IX.
Standort: Feuchtwiesen, Niedermoore, Erlengebüsche, Schuttfluren, Gärten.
Verbreitung: N- und M.-EU; in D ausschließlich im Bergland, westwärts nur bis zum Rhein.

Europäische Seide *Cuscuta europaea* FAMILIE SEIDENGEWÄCHSE

Merkmale: Kletternde parasitische Pflanze mit fadendünnen, bis zu etwa 1 m langen, gelblichen bis rötlichen Stängeln, ohne Wurzeln; Blätter schuppenförmig, bleich; Blüten winzig, weißlich bis rötlich, zahlreich in rund 1 cm großen, kugeligen Köpfchen beieinander stehend, Blütezeit VI-IX.
Standort: Schmarotzt meist auf Brennnesseln, Weiden oder Beifuß an Ufern und in Hecken.
Verbreitung: In EU weit verbreitet; in D meist nur zerstreut, in den Alpen bis in 1200 m Höhe.

Phacelie *Phacelia tanacetifolia* FAMILIE WASSERBLATTGEWÄCHSE

Merkmale: Auch unter den dt. Namen Büschelschön oder Bienenfreund bekannte einjährige Pflanze, 50-70 cm hoch, mit aufrechtem Stängel; Blätter wechselständig, behaart, gestielt, fiederschnittig; Blüten in vielblütigen Wickeln, Kronen 5-zipfelig, hellblau, Staubblätter weit vorragend, Blütezeit VI-X.
Standort: Äcker, Gärten, Schuttstellen.
Verbreitung: Stammt aus dem westl. N-Amerika, bei uns als Bienenfutter und Gründünger angebaut, stellenweise unbeständig verwildert.

Wiesen-Labkraut *Galium album*

FAMILIE RÖTEGEWÄCHSE

Merkmale: Mehrjährig, 30-100 cm hoch, mit kantigem, kahlem, aufsteigendem Stängel; Blätter im mittleren Stängelbereich zu je 6-9 in Wirteln, linealisch; Blüten 2-4 mm breit, weiß, zahlreich in lockeren, endständigen Rispen, Kronzipfel spitz, ausgebreitet, Blütezeit V-IX.

Standort: Fettwiesen, Gebüsche, Wald- und Wegränder.

Verbreitung: Überall in EU, so auch in D häufig.

Waldmeister *Galium odoratum*

FAMILIE RÖTEGEWÄCHSE

Merkmale: Mehrjährig, 10-30 cm hoch, mit aufrechten, dünnen, glatten Stängeln aus einem kriechenden Wurzelstock; Blätter 1-nervig, bis zu 4 cm lang, fein gezähnt, beim Welken intensiv duftend; Blüten zahlreich in endständigen Scheindolden, Krone weiß, trichterförmig, bis zu 5 mm breit, Blütezeit IV-V; Früchte mit Hakenhaaren.

Standort: Krautreiche Laub- und Mischwälder.

Verbreitung: In M.- und W-EU weit verbreitet.

Echtes Labkraut *Galium verum*

FAMILIE RÖTEGEWÄCHSE

Merkmale: Mehrjährige, meist etwa 15-50 cm hohe Pflanze mit aufrechtem, festem, stumpfkantigem Stängel; Blätter zu 8-12 in Wirteln stehend, linealisch, bis zu 2,5 cm lang, dabei aber nur 2 mm breit; Blüten sehr zahlreich in endständigen Rispen, zitronengelb, Kronen um die 3 mm breit, angenehm duftend, Blütezeit VI-IX.

Standort: Trockenrasen, Gebüsche, Dünen.

Verbreitung: Fast überall in EU verbreitet; in D gebietsweise nur zerstreut, sonst häufig.

Kletten-Labkraut, Klebkraut

Galium aparine FAMILIE RÖTEGEWÄCHSE

Merkmale: Einjährig, 30-150 cm hoch, mit kantigem, rauem, aufsteigendem oder spreizklimmendem Stängel; Blätter linealisch, stachelspitzig, meist zu 6-8 in Wirteln; Blüten unscheinbar grünlich weiß, zu 2-7 rispig in den oberen Blattachseln, Blütezeit V-X; Früchte kugelig, mit Hakenhaaren besetzt.

Standort: Äcker, Brachen, Gärten, Gebüsche, Wälder.

Verbreitung: In EU überall häufig.

Wald-Labkraut *Galium sylvaticum*

FAMILIE RÖTEGEWÄCHSE

Merkmale: Mehrjährig, 30-120 cm hoch, mit kahlem, aufrechtem, drehrundem Stängel; Blätter bis zu 1 cm breit und 4 cm lang, leicht bläulich bereift; Blüten cremeweiß, etwa 2 mm breit, zahlreich in lockeren, endständigen Rispen, Blütezeit VI-IX.

Standort: Laubwälder, Gebüsche, Kahlschläge.

Verbreitung: In M.-EU weit verbreitet, vor allem in den Mittelgebirgen; fehlt in der Norddeutschen Tiefebene weitgehend.

Kreuzlabkraut *Cruciata laevipes*

FAMILIE RÖTEGEWÄCHSE

Merkmale: Mehrjährige, 20-50 cm hohe Pflanze mit aufrechtem, 4-kantigem, dicht behaartem Stängel; Blätter elliptisch, zu je 4 im Wirtel, 3-nervig, hellgrün, etwa 3-8 mm breit und 1-2 cm lang; Blüten in Scheinquirlen in den Blattachseln, angenehm duftend, Kronen zitronengelb, Blütezeit IV-VI.

Standort: Wälder, Auen, feuchte Gebüsche, Hecken, Zäune, Ufer, Brachflächen.

Verbreitung: In EU weit verbreitet; in D stellenweise häufig, im N von D nur in den großen Flusstälern.

Moschuskraut *Adoxa moschatellina* FAM. MOSCHUSKRAUTGEWÄCHSE

Merkmale: Zarte, mehrjährige Pflanze, 5-15 cm hoch, mit aufrechtem, rundem Stängel; grundständige Blätter lang gestielt, am Stängel etwa in der Mitte 1 gegenständiges Blattpaar, Spreite 3-zählig, hellgrün, beim Zerreiben schwacher Moschusduft; Blüten zu 5 in einem würfelförmigen Köpfchen, Gipfelblüte mit 4-teiliger Krone und 2-teiligem Kelch, Kronen der Seitenblüten 5-teilig über einem 3-teiligen Kelch, grünlich, Blütezeit III-V.
Standort: Humusreiche, lockergründige Laub- und Mischwälder, Auengebüsche; vorzugsweise auf nährstoffreichen, lehmigen Böden.
Verbreitung: In EU weit verbreitet; in D nur gebietsweise häufig.
Wissenswertes: Die Familie Moschuskrautgewächse umfasst weltweit nur 3 Arten.

Gewöhnlicher Feldsalat *Valerianella locusta* BALDRIANGEWÄCHSE

Merkmale: Formenreiche, einjährige Pflanze mit bodenanliegender Blattrosette und aufrechtem, meist gabelig verzweigtem, 5-20 cm hohem Stängel; Blätter spatelförmig bis verkehrt eiförmig, hell- oder dunkelgrün, glattrandig oder unregelmäßig gekerbt, Stängelblätter gegenständig; Blüten klein, zahlreich in endständigen Scheindolden mit kurzen Tragblättern, Kronen um 2 mm breit, bläulich weiß, Blütezeit IV-V.
Standort: Äcker, Wegränder, Weinberge, Hecken, Mauern, Gärten, Halbtrockenrasen.
Verbreitung: In EU weit verbreitet; in den meisten Gegenden von D häufig, oft auch aus Gartenkultur verwildert und an Schuttstellen eingebürgert.
Wissenswertes: Der auch Rapunzel genannte G.F. wurde vermutlich schon in der Jungsteinzeit aus dem Mittelmeergebiet bei uns eingeschleppt.

Rote Spornblume *Centranthus ruber* FAMILIE BALDRIANGEWÄCHSE

Merkmale: Mehrjährige Pflanze mit aufrechtem, rundem, kahlem, unverzweigtem Stängel, 20-70 cm hoch; Blätter gegenständig, am Grund gestielt, am Stängel sitzend, Spreite 1-4 cm breit und 3-8 cm lang, bläulich grün, glattrandig oder undeutlich gezähnt; Blüten zahlreich in dichten rispigen, in mehreren Etagen angeordneten Blütenständen, Kronen rosarot, selten auch weiß, in 5 etwas ungleich große, 2-3 mm lange Zipfel geteilt, Kronröhre sehr eng, mit einem 2 mm langen Sporn, Blütezeit V-VII.
Standort: Felsspalten, Mauern und Steinschuttfluren sowie Gärten.
Verbreitung: Stammt aus S- und W-EU; in D meist aus Gartenkultur verwildert und in den Weinbauregionen stellenweise eingebürgert.
Wissenswertes: Aus dem Kelch entwickelt sich der fedrige Flugapparat der Früchte.

Echter Baldrian, Arznei-B. *Valeriana officinalis* BALDRIANGEWÄCHSE

Merkmale: Mehrjährige, stattliche Pflanze mit aufrechtem, etwas gefurchtem Stängel, bis zu 1,5 m hoch; Blätter gegenständig, unpaarig gefiedert, Fiedern glattrandig oder gesägt; Blüten zahlreich in dichten, halbkugeligen, rispigen Scheindolden am Stängelende oder in den oberen Blattachseln, Kronen 2-4 mm breit, weiß oder rosa, Blütezeit VI-VIII.
Standort: Wiesen, Waldränder, Gebüsche, Ufer, Gräben, vorzugsweise auf feuchten Böden.
Verbreitung: In EU weit verbreitet, so auch in D.

Ähnlich: **Kleiner Baldrian** *Valeriana dioica,* mehrjährig, nur bis zu 30 cm hoch, Grundblätter ungeteilt, Stängelblätter unpaarig gefiedert, glattrandig; zweihäusig, ♂ Blüten rötlich, ♀ Blüten weiß, in dichten Rispen; Nasswiesen, Gräben und Ufer; in EU weit verbreitet.

Wilde Karde *Dipsacus fullonum*
FAMILIE KARDENGEWÄCHSE

Merkmale: Zweijährig, stattlich, mit aufrechtem, bestacheltem Stängel, 80-180 cm hoch; grundständige Blätter rosettig, Stängelblätter gegenständig und an der Basis tütenförmig verwachsen; Blüten lila, zahlreich in einer eiförmigen, dichten Ähre, ringweise aufblühend, Blütezeit VII-VIII.
Standort: Brachen, Wegränder, Böschungen.
Verbreitung: M.- und S-EU, in D ziemlich zerstreut.

Acker-Witwenblume *Knautia arvensis*
FAMILIE KARDENGEWÄCHSE

Merkmale: Mehrjährig, etwa 30-100 cm hoch, mit aufrechtem, wenig verzweigtem, behaartem Stängel; Blätter tief fiederteilig, graugrün; Blüten in lang gestielten, halbkugeligen, bis zu 4 cm breiten Köpfen, Kronen hell- bis blauviolett, Randblüten mit stark vergrößerten Zipfeln, Blütezeit V-IX.
Standort: Wiesen, Trockenrasen, Raine.
Verbreitung: In EU fast überall, in D gebietsweise häufig.

Teufelsabbiss *Succisa pratensis*
FAMILIE KARDENGEWÄCHSE

Merkmale: Mehrjährige, bis 1 m hohe Pflanze mit aufrechtem oder aufsteigendem Stängel; Blätter gegenständig, glattrandig, oval-elliptisch bis lanzettlich; Blüten in kugeligen, bis zu 2 cm breiten Köpfchen, Kronen blauviolett, gelegentlich auch rosa oder weiß, Blütezeit VII-IX.
Standort: Wiesen, Niedermoore, Heiden, bis in 1400 m Höhe.
Verbreitung: In EU weit verbreitet, in D allerdings stellenweise selten.

Tauben-Skabiose *Scabiosa columbaria*
FAMILIE KARDENGEWÄCHSE

Merkmale: Formenreiche, mehrjährige, 20-60 cm hohe Pflanze mit aufrechtem, verzweigtem, wenig behaartem Stängel; Blätter gegenständig, fiederteilig; Blüten in flachen 2-3,5 cm breiten Köpfchen, Kronen lila, 5-zipfelig, bei randlichen Blüten strahlenförmig vergrößert, Kelchborsten schwarz, Blütezeit VI-X.
Standort: Trockenrasen, Wiesen, Kiefernwälder, Gebüsche, Dämme. **Verbreitung:** M.- und S-EU; in D vor allem im südlicheren Teil, im N von D selten.

Gewöhnlicher Beinwell *Symphytum officinale*
RAUBLATTGEWÄCHSE

Merkmale: Mehrjährig, 40-100 cm hoch, rau behaart, mit aufrechtem, kantigem Stängel; Blätter schmal lanzettlich, die unteren bis zu 25 cm lang, die oberen kleiner und mit der Basis am Stängel herablaufend; Blüten in Scheindolden, Kronen cremeweiß, rötlich oder bläulich bis tiefviolett, Blütezeit V-IX.
Standort: Wiesen, Ufer, Gräben, Wegränder.
Verbreitung: Fast überall in EU verbreitet.
Wissenswertes: Die alte Heilpflanze wurde früher u.a. bei Knochenbrüchen und Wunden eingesetzt.

Blauroter Steinsame
Lithospermum purpurocaeruleum

Merkmale: Mehrjährig, etwa 30-60 cm hoch, mit aufrechtem, wenig verzweigtem Stängel, stark behaart; Blätter wechselständig, lanzettlich, bis 8 cm lang; Blüten zu 2-12 in Wickeln, Kronen bis 1,5 cm breit, anfangs rötlich, später tiefblau, Blütezeit IV-V; Früchte glänzend weiß.
Standort: Lichte, trockene Laubwälder, Gebüsche.
Verbreitung: S- und M.-EU; in D selten, überhaupt nur in den Wärmegebieten (Weinbauregion).

Gewöhnlicher Natternkopf
Echium vulgare RAUBLATTGEWÄCHSE

Merkmale: Zweijährige, 60-90 cm hohe Pflanze mit kräftigem, aufrechtem Stängel, an allen oberirdischen Teilen starr borstig behaart; Blätter wechselständig, länglich lanzettlich; Blüten zahlreich in lockerer, beblätterter Traube, Kronen trichterförmig 2-lippig, 1-2 cm lang, anfangs rot, später blau, selten auch weiß, Blütezeit VI-IX.

Standort: Böschungen, Bahndämme, Mauern, Trockenrasen, Steinbrüche, Schotter- und Felsfluren, Brachflächen, Wegränder.

Verbreitung: In EU weit verbreitet; in D fast überall vorkommend, nur gebietsweise seltener.

Wissenswertes: Zunächst ragen nur die Staubblätter aus der Krone, nach wenigen Tagen auch der 2-spaltige Griffel. In diesem Zustand erinnert die Blüte an einen Schlangenkopf (Name!).

Echtes Lungenkraut *Pulmonaria officinalis*
FAM. RAUBLATTGEWÄCHSE

Merkmale: Formenreiche, mehrjährige Pflanze mit aufrechtem, 15-30 cm hohem Stängel; Blätter borstig behaart, meist mit helleren Punkten, bei manchen Kleinarten auch einheitlich hell graugrün oder samtweich behaart; die Grundblätter lang gestielt, oval bis herzförmig, an der Basis plötzlich verschmälert, die Stängelblätter sitzend; Blüten zu mehreren in Wickeln, Kronen anfangs rosarot, später violettblau, im gleichen Blütenstand verschieden farbig getönte, Blütezeit III-V.

Standort: Krautreiche Laub- und Laubmischwälder, Gebüsche, Auen; vorzugsweise auf nährstoffreichen, kalkhaltigen Lehmböden.

Verbreitung: Fast überall in EU verbreitet; in D nach N zu recht häufig, im S ziemlich selten.

Wissenswertes: Die hier als Kleinarten aufgefassten Formen des E.L. mit unterschiedlicher Ausbildung der Blätter werden mitunter auch als selbstständige Arten aufgelistet. Ihre genauere gegenseitige Abgrenzung ist schwierig.

Echte Hundszunge *Cynoglossum officinale*
RAUBLATTGEWÄCHSE

Merkmale: Zweijährige Pflanze mit aufrechtem, verzweigtem Stängel, 30-80 cm hoch; Blätter wechselständig, bis zu 15 cm lang, die unteren elliptisch, die oberen lanzettlich und sitzend, dünn graufilzig behaart; Blüten zu mehreren in lang gestielten Wickeln in den oberen Blattachseln, Kronen 1-1,5 cm lang, zunächst bräunlich rot, später dunkel braunviolett, am Eingang zur Kronröhre mit 5 dunklen Schlundschuppen, Blütezeit V-IX. Insbesondere die Samen giftig!

Standort: Wegränder, Brachflächen, Böschungen; vorzugsweise auf kalkarmen, trockenen Lehm- bzw. Sandböden.

Verbreitung: In M.-EU weit verbreitet, aber meist nur vereinzelt, im Gebirge bis in 1200 m Höhe.

Wissenswertes: Die Schlundschuppen versperren den Blüteneingang, sodass nur langrüsselige Hautflügler und Schmetterlinge die Nektarvorräte erreichen können.

Wald-Vergissmeinnicht
Myosotis sylvatica RAUBLATTGEWÄCHSE

Merkmale: Ein- oder mehrjährige, meist reichästige Pflanze mit ausgebreiteten oder aufrechten Stängeln, 15-45 cm hoch; Blätter wechselständig, Rosettenblätter gestielt, Stängelblätter sitzend, kurz behaart; Blüten jeweils zu mehreren in aufrechten Scheinrispen, Kronen anfangs rötlich violett, später himmelblau, Eingang zur Kronröhre durch gelbe Schlundschuppen verengt; Kelchblätter mit 1 mm langen, abstehenden Haaren, Blütezeit IV-IX. **Standort:** Waldränder, verkrautete Säume, Bergwiesen, Staudenfluren.

Verbreitung: In EU weit verbreitet; in D vor allem im südlichen Teil häufig; auch als Zierpflanze in Gärten verwendet.

Wissenswertes: Innerhalb der Gattung gibt es weitere, zum Teil recht ähnliche Arten. Die leuchtend gelben Schlundschuppen sind eine wichtige Orientierungshilfe für anfliegende Bestäuber.

Tollkirsche *Atropa belladonna*

FAMILIE NACHTSCHATTENGEWÄCHSE

Merkmale: Mehrjährige, strauchartig wachsende Pflanze mit reich verzweigtem, aufrechtem, stumpfkantigem Stängel, 60-180 cm hoch; Blätter wechselständig, drüsig behaart, breit lanzettlich, in der Blütenregion scheinbar gegenständig; Blüten auf gebogenen Stielen, einzeln in den oberen Blattachseln, Krone glockig, 5-zipfelig, außen braunviolett, innen grünlich gelb mit dunkleren Adern, Blütezeit VI-VIII; Beerenfrucht kugelig, bis zu 1,5 cm dick, saftig, in der Reife tiefschwarz glänzend.

Standort: Waldränder, Lichtungen; nur auf nährstoffreichen Lehmböden.

Verbreitung: Insbesondere S- und M.-EU; fehlt in D im Tiefland, im Gebirge bis in 1600 m Höhe.

Wissenswertes: Die Früchte enthalten stark giftige Alkaloide von lähmender Wirkung.

Schwarzer Nachtschatten

Solanum nigrum NACHTSCHATTENGEW.

Merkmale: Einjährig, 20-80 cm hoch, Stängel aufrecht, im Gegensatz zu dem des verwandten Bittersüßen Nachtschattens (*S. dulcamara* ⇨Band Strauchgehölze) auch an der Basis krautig; Blätter wechselständig, breit lanzettlich, glattrandig oder buchtig, 3-8 cm lang; Blüten zu 5-10 in doldigen Trauben in den oberen Blattachseln; Kronen weiß, um die 1,5 cm breit, Staubblätter goldgelb, als zentraler Kegel aufgestellt, Blütezeit VI-X; Beeren kugelig, etwa 1 cm dick, in der Reife glänzend schwarz.

Standort: Hackfruchtäcker, Brachflächen, Gärten, Schuttstellen, Ruinengelände, Siedlungen.

Verbreitung: In EU fast überall verbreitet und stellenweise, auch in D, ziemlich häufig.

Wissenswertes: Die noch unreifen Früchte enthalten größere Mengen giftiger Alkaloide.

Bilsenkraut *Hyoscyamus niger*

FAMILIE NACHTSCHATTENGEWÄCHSE

obere Blätter ungestielt

Merkmale: Einjährige, 30-80 cm hohe Pflanze mit aufrechtem, stumpfkantigem, einfachem oder verzweigtem Stängel; Blätter wechselständig, oval, buchtig gezähnt bis fiederteilig, auf den Nerven behaart; Blüten einzeln in den Achseln der mittleren und oberen Blätter, Krone glockig, 1-3 cm lang und bis 2 cm breit, undeutlich 2-lippig, trübgelb, violett geädert, im Schlund dunkelviolett, Blütezeit VI-IX; Kapselfrucht unauffällig.

Standort: Brachflächen, Schuttstellen, Siedlungen, Mauern; meist auf nährstoffreichen Böden.

Verbreitung: Vor allem in S- und M.-EU, in D jedoch ziemlich selten und meist nur unbeständig.

Wissenswertes: Das B. riecht unangenehm. Es ist durch Alkaloide stark giftig und wurde früher für Giftmorde verwendet (siehe im »Hamlet«). Der Name der Stadt Pilsen und des Pilsbiers leiten sich vom gleichen Wortstamm ab.

Stechapfel *Datura stramonium*

FAMILIE NACHTSCHATTENGEWÄCHSE

Merkmale: Einjährige, 30-120 cm hohe Pflanze mit aufrechtem, kahlem, einfachem oder ästigem Stängel; Blätter wechselständig, gestielt, meist sehr ungleich groß, 4-15 cm lang und fast ebenso breit, oval bis rundlich, an der Basis unsymmetrisch keilförmig, grob buchtig gezähnt; Blüten gestielt, einzeln in den oberen Blattachseln, Krone trichterförmig, 6-10 cm lang, mit 5 lang auslaufenden Zipfeln, weiß, Blütezeit VI-X; Kapselfrucht oval, derb bestachelt, 4-5 cm lang.

Standort: Brachflächen, Abfall- und Schuttstellen, Gärten, Wegränder, Siedlungen.

Verbreitung: In EU weit verbreitet; in D eher zerstreut und nur unbeständig.

Wissenswertes: Der überaus giftige S. stammt ursprünglich aus Mittelamerika (Mexiko) und ist heute auch im Mittelmeerraum ziemlich häufig. Von dort wird er gelegentlich eingeschleppt. Die in allen Pflanzenteilen, besonders aber in den Samen angereicherten Giftstoffe sind nervenwirksam und können bei Verzehr schon in kleinen Mengen tödlich wirken.

Großblütige Königskerze
Verbascum densiflorum BRAUNWURZG.

Merkmale: Zweijährige, meist stattliche Pflanze bis über 1,5 m Höhe mit kräftigem, aufrechtem, dicht wollig behaartem Stängel; Blätter länglich oval, vorn spitz, gekerbt, am Stängel herablaufend, wodurch dieser geflügelt aussieht; Blüten gestielt, zahlreich in einer langen, ährenartigen Traube, 2-4 cm breit, Kronen hellgelb, etwas unangenehm riechend, Blütezeit VII-IX.
Standort: Brachflächen, Bahngelände, Schotterfluren, Steinbrüche, Waldlichtungen.
Verbreitung: Hauptsächlich M.-EU, daneben auch S-EU; in D vor allem im südlichen Teil weit verbreitet, gegen N zu seltener; auch oft angepflanzt.
Wissenswertes: Die dichte Behaarung der Staubblattstielchen täuscht den bestäubenden Insekten ein enormes Pollenangebot nur vor.

Schwarze Königskerze *Verbascum nigrum*
BRAUNWURZGEWÄCHSE

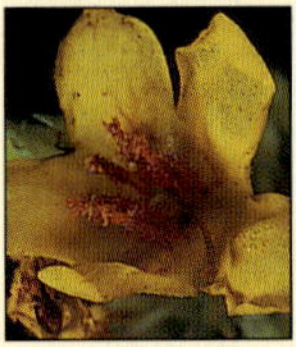

Merkmale: Zweijährige, 50-120 cm hohe Pflanze mit aufrechtem, meist unverzweigtem Stängel; Blätter nicht am Stängel herablaufend, Spreite an der Basis herzförmig, gekerbt, unterseits filzig behaart; Blüten kurz gestielt, zahlreich in einer schlanken, ährenartigen Traube, Kronen 1,5-2,5 cm breit, gelb, Staubbeutel orange, Staubblattstielchen violett behaart, Blütezeit V-IX.
Standort: Wegränder, Böschungen, Brachen, Waldsäume, Trockenwiesen; auf lockeren Böden.
Verbreitung: Vor allem in M.-EU weit verbreitet; in D fast überall, aber meist nur zerstreut; gelegentlich als Zierpflanze in Gärten verwendet.
Wissenswertes: Lange Zeit wurden die Haare an den Staubblättern als zusätzliche Insektennahrung angesehen. Tatsächlich dienen sie wohl lediglich als Pollenattrappe.

Purpur-Königskerze *Verbascum phoeniceum*
BRAUNWURZGEWÄCHSE

Merkmale: Formenreiche, zweijährige Pflanze mit aufrechtem, zumeist unverzweigtem, 30-90 cm hohem Stängel, der im unteren Teil dicht wollig, im oberen drüsig behaart ist; grundständige Blätter gestielt, 4-16 cm lang, eiförmig, weitbuchtig gezähnt, oberseits kahl, dunkelgrün, Stängelblätter sitzend, nicht am Stängel herablaufend; Blüten lang gestielt, einzeln in den Achseln von kleinen Tragblättern in einer lockeren Traube, Kronen dunkelviolett bis dunkelpurpurn, Staubblätter violett wollig behaart, Blütezeit V-VII.
Standort: Trockenrasen, Trockengebüsche, Säume; auf kalkhaltigen, sonnigen Lehmböden.
Verbreitung: Vor allem S- und SO-EU; in D nur zerstreut in den östlichen Bundesländern; häufiger als Zierpflanze zu sehen.
Wissenswertes: Die Art stammt aus Vorderasien und verwildert in M.-EU gelegentlich aus Gärten.

Knotige Braunwurz *Scrophularia nodosa*
F. BRAUNWURZGEWÄCHSE

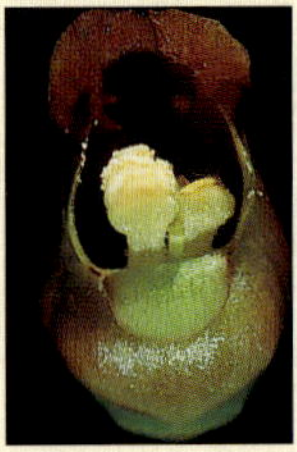

Merkmale: Mehrjährige, bis zu 120 cm hohe Pflanze mit kantigem, ungeflügeltem, aufrechtem Stängel; Blätter gegenständig, gestielt, oval, spitz, an der Basis herzförmig, grob gezähnt, dunkelgrün, kahl; Blüten zu mehreren in einer lockeren Rispe, Kronen um 1 cm lang, an der Basis grünlich, vorn braunrot, mit gelben Staubblättern am Eingang der Kronröhre, Blütezeit VI-VIII.
Standort: Krautreiche Laub- und Mischwälder, Lichtungen, Gebüsche, Hecken, Staudenfluren, meist an schattigen, feuchten Stellen auf nährstoffreichen, kalkarmen Böden.
Verbreitung: In EU weit verbreitet, fehlt in N-Skandinavien und S-Italien; in D fast überall häufig.
Wissenswertes: In M.-EU kommen weitere, zum Teil recht ähnliche Arten vor. Die ziemlich unauffälligen Blüten werden überwiegend von Fliegen und Wespen bestäubt.

Mauer-Leinkraut, Zimbelkraut

Cymbalaria muralis BRAUNWURZGEW.

Merkmale: Mehrjährige, kleine Pflanze mit dünnen, 5-25 cm langen, ausgebreiteten oder hängenden Stängeln, die an den Knoten wurzeln; Blätter wechselständig, gestielt, im Umriss herzförmig, grob 5- bis 7-zähnig oder andeutungsweise gelappt; Blüten lang gestielt, einzeln in den Blattachseln, Krone 2-lippig, Oberlippe lila, Unterlippe mit 2 großen gelben Flecken, Blütezeit VI-VIII.

Standort: Bevorzugt auf kalkhaltigem, lockerem, sickerfeuchtem Boden, in Mauerfugen und Felsfluren; außerdem in Steingärten angepflanzt.

Verbreitung: Mittelmeergebiet; an vielen Stellen in M.-EU eingebürgert.

Wissenswertes: Die reifenden Kapseln wenden sich vom Licht ab und dringen in Untergrundsspalten ein. So werden die Samen optimal platziert.

Gewöhnliches Leinkraut

Linaria vulgaris BRAUNWURZGEWÄCHSE

Merkmale: Mehrjährig, 20-60 cm hoch, mit aufrechten, verzweigten, kahlen Stängeln; Blätter dem Lein (⇨S. 90) ähnlich (daher der 2. Name der Pflanze: Frauenflachs), überwiegend wechselständig, linealisch, 2-8 cm lang und nur 1-5 mm breit, oberseits graugrün und kurz behaart; Blüten gestielt, zahlreich in einer dichten, endständigen Traube, Krone 2-3,5 cm lang, hellgelb, mit langem, geradem Sporn und orangegelbem Fleck, Blütezeit VI-IX.

Standort: Trockene, sonnige, sandige und steinige Böden, z.B. Bahndämme, Schotterfluren, Steinbrüche, Brachflächen, Abfallstellen.

Verbreitung: In EU weit verbreitet; in D häufig.

Wissenswertes: Nur große Hautflügler wie Hummeln können die Rachenblüte des G.L. öffnen, um zu den Nektarvorräten im Sporn vorzudringen.

Gewöhnlicher Augentrost

Euphrasia rostkoviana BRAUNWURZG.

Merkmale: Formenreich, gewöhnlich einjährig, mit aufrechtem, verzweigtem Stängel, 5-25 cm hoch, im oberen Teil drüsig behaart; Blätter gegenständig, Spreite etwa 1 cm lang, länglich oval, grob gezähnt; Blüten in beblätterten Trauben an den Zweigenden, Kronen 0,8-1,2 cm lang, vielzipfelig, mit dottergelbem Schlund und violetten Streifen. Die Krone verlängert sich während der Blühphase und überragt zuletzt den Kelch deutlich. Blütezeit IV-IX.

Standort: Bergwiesen, Halbtrockenrasen, Raine, Wegränder, Gebüsche.

Verbreitung: In EU weit verbreitet; fehlt in D im Tiefland, in südl. Landesteilen stellenweise ausgesprochen häufig, in den Alpen bis in 2500 m Höhe.

Wissenswertes: Der kräftig gelbe Fleck und die Streifen auf den Kronzipfeln sind ein wichtiges Signal für die bestäubenden Insekten. Sie finden dadurch rascher den Eingang zur Kronröhre. Der G.A. ist eine alte Heilpflanze gegen Augenleiden.

Roter Zahntrost *Odontites rubra*

FAMILIE BRAUNWURZGEWÄCHSE

Merkmale: Formenreiche, einjährige, bis zu 40 cm hohe Pflanze mit aufrechten, verzweigten Stängeln; Blätter gegenständig, um 1 cm breit und 2-4 cm lang, schmal oval, grob gezähnt; Blüten in einseitswendigen, beblätterten Trauben an den Zweigenden, etwa 1 cm lang, Kronen fleisch- oder weinrot bis purpurrosa, 2-lippig, filzig behaart, Oberlippe helmförmig, Unterlippe gerade, Blütezeit VII-X.

Standort: Lichtungen, Gebüsche, Weiden, Wege, Sandtrockenrasen, Äcker, Salzwiesen; vorzugsweise auf Tonböden.

Verbreitung: In M.-EU weit verbreitet; in D eher zerstreut vorkommend.

Wissenswertes: Der R.Z. gehört, wie z.B. auch der Augentrost, zu den Halbschmarotzern; mit seinen Wurzeln zapft er das Wurzelwerk seiner Wirtspflanzen an, ernährt sich aber sonst mit seinen grünen Blättern völlig selbstständig. Da er seiner Wirtspflanze nur Wasser und die darin gelösten mineralischen Stoffe entnimmt, hält sich deren Schädigung in Grenzen.

2

3

4

Gamander-Ehrenpreis *Veronica chamaedrys* F. BRAUNWURZGEWÄCHSE

Merkmale: Mehrjährig, Stängel 15-30 cm hoch, 2-zeilig behaart; Blätter gegenständig, kurz gestielt bis sitzend, oval, gekerbt, behaart; Blüten in lang gestielten Trauben in den oberen Blattachseln, Kronen bis 1,2 cm breit, tiefblau, dunkler geädert, Blütezeit IV-VI.
Standort: Gebüsche, lichte Wälder, Wiesen; meist auf lockerem, nährstoffreichem Lehmboden.
Verbreitung: Fast überall in EU häufig.

Faden-Ehrenpreis *Veronica filiformis* FAM. BRAUNWURZGEWÄCHSE

Merkmale: Mehrjährig, Stängel dünn, liegend, an den Knoten wurzelnd, 5-30 cm lang; Blätter gestielt, im Umriss rundlich, gekerbt; Blüten lang gestielt, einzeln in den Blattachseln, Kronen um 1 cm breit, blass blaulila, dunkler geädert, Blütezeit IV-V.
Standort: Wiesen, Parkrasen, Friedhöfe.
Verbreitung: Stammt aus Vorderasien; in D und im übrigen M.-EU an vielen Stellen eingebürgert

Wald-Ehrenpreis *Veronica officinalis* FAM. BRAUNWURZGEWÄCHSE

Merkmale: Mehrjährig, 15-20 cm hoch, mit liegendem, behaartem Stängel und aufrechtem Blütenstand; Blätter gegenständig, kurz gestielt, behaart, verkehrt eiförmig, am Rand gekerbt, bis zu 2,5 cm breit und 4 cm lang; Blüten in dichten, lang gestielten Trauben in den Blattachseln, Kronen hellviolett, bis zu 8 mm breit, Blütezeit VI-VIII.
Standort: Trockene Wälder, Gebüsche, Säume.
Verbreitung: In EU weit verbreitet, so auch in D.

Persischer Ehrenpreis *Veronica persica* F. BRAUNWURZGEWÄCHSE

Merkmale: Einjährige, 10-40 cm hohe Pflanze mit liegendem oder aufsteigendem, behaartem Stängel; Blätter gestielt, bis zu 2,5 cm lang, eiförmig, grob gekerbt; Blüten einzeln gestielt in den oberen Blattachseln, Kronen um 1 cm breit, himmelblau, dunkler geädert, Blütezeit III-XII.
Standort: Äcker, Brachen, Gärten, Weinberge.
Verbreitung: Stammt aus Vorderasien; heute fast überall in EU eingebürgert und häufig.

Efeublättriger Ehrenpreis *Veronica hederifolia* BRAUNWURZGEW.

Merkmale: Einjährige, 5-20 cm hohe Pflanze mit liegenden oder aufsteigenden, vor allem im oberen Teil behaarten, von der Basis an verzweigten Stängeln; Blätter gegenständig, zum Blütenstand hin zunehmend wechselständig, sitzend, breit oval, gekerbt; Blüten lang gestielt, einzeln in den oberen Blattachseln, um die 3-7 mm breit, Kronen hell lilablau, Blütezeit III-V.
Standort: Hackfruchtäcker, Brachen, Gärten.
Verbreitung: In ganz M.- und S-EU recht häufig.

Bachbungen-Ehrenpreis *Veronica beccabunga* BRAUNWURZG.

Merkmale: Mehrjährige, 10-50 cm hohe, kahle Pflanze mit aufsteigenden, an den Knoten wurzelnden Stängeln; Blätter gegenständig, etwas fleischig, 1-2,5 cm breit und bis 5 cm lang, gekerbt; Blüten in lockeren, lang gestielten Trauben in den Blattachseln, Kronen 5-7 mm breit, blass- oder dunkelblau, geädert, nur bei Sonne ausgebreitet, Blütezeit V-IX.
Standort: Gräben, Bachufer, Quellsümpfe; oft auch an Gartenteichen gepflanzt.
Verbreitung: Fast überall in EU verbreitet.

Roter Fingerhut *Digitalis purpurea*

FAMILIE BRAUNWURZGEWÄCHSE

Merkmale: Zweijährige, bis zu 1,5 m hohe Pflanze mit meist unverzweigtem, aufrechtem, graufilzig behaartem Stängel; grundständige Blätter in einer Rosette, 20-30 cm lang, gestielt, lanzettlich, oberseits flaumig behaart, Stängelblätter meist sitzend, runzelig; Blüten in schlanker, einseitswendiger Traube, Kronen bis zu 5 cm lang, purpurrot, seltener auch rosa oder weiß, innen mit langen Haaren und zahlreichen dunklen, weißlich umrandeten Flecken, Blütezeit VI-VIII.

Standort: Kahlschläge, Waldränder, Lichtungen, Gebüsche; meidet Kalkböden.

Verbreitung: Hauptsächlich W- und S-EU; in D vor allem in den Mittelgebirgen, fehlt in den Alpen.

Wissenswertes: Der giftige R. F. enthält herzwirksame Glykoside, die arzneilich verwendet werden.

Großblütiger Fingerhut

Digitalis grandiflora BRAUNWURZGEW.

Merkmale: Zwei- bis mehrjährige Pflanze mit 40-120 cm hohem, aufrechtem, meist unverzweigtem, kahlem Stängel; Blätter länglich elliptisch bis lanzettlich, glatt, oberseits glänzend, fein gesägt, am Rand und auf den Hauptnerven fein behaart; Blüten zahlreich in schlanker, langer, einseitswendiger Traube, Kronen glockig, bis zu 4 cm lang, schwefelgelb, innen bräunlich gefleckt oder geädert, Blütezeit VI-IX.

Standort: Sonnige Waldsäume, Schläge, Lichtungen; bevorzugt auf kalkhaltigem Boden.

Verbreitung: W- und M.-EU; in D zerstreut in der Mittelgebirgsregion bis in etwa 1500 m Höhe. **§!**

Wissenswertes: Auch der G. F. enthält starke Giftstoffe, wird aber im Gegensatz zu seinen Verwandten nicht medizinisch genutzt.

Gelber Fingerhut *Digitalis lutea*

FAMILIE BRAUNWURZGEWÄCHSE

Merkmale: Mehrjährige Pflanze mit aufrechtem, meist unverzweigtem, 50-100 cm hohem, kahlem Stängel; Blätter schmal lanzettlich, glänzend dunkelgrün, mit glatter Oberfläche; Blüten bis zu 2,5 cm lang, zahlreich in dichten, schlanken, endständigen Trauben, Kronen röhrenförmig, hellgelb, innen ohne auffällige Zeichnung, Oberlippe spitz 2-zipfelig, Blütezeit VI-VIII. Alle Teile der Pflanze stark giftig!

Standort: Lichte Laub- und Mischwälder, Kahlschläge, Gebüsche, Wegränder, bevorzugt auf kalkhaltigem, lockerem Boden.

Verbreitung: Südliches M.-EU und S-EU; in D eher vereinzelt, fehlt im Tiefland. **§!**

Wissenswertes: Früher wurde der G. F. wie sein rotblühender Verwandter als Heilpflanze verwendet. Heute gewinnt man die wertvollen Arzneistoffe vor allem aus dem Wolligen Fingerhut *(Digitalis lanata)*, der im Balkan beheimatet ist.

Acker-Wachtelweizen

Melampyrum arvense BRAUNWURZGEW.

Merkmale: Einjährige, bis zu 30 cm hohe, wenig verzweigte Pflanze mit aufrechtem Stängel; Blätter gegenständig, schmal lanzettlich, die unteren glattrandig, zum Blütenstand hin etwas breiter und mit langen Zähnen, die obersten purpurn überlaufen; Blüten zu mehreren in einer zylindrischen Ähre, Kronen etwa 2 cm lang, im Lippenbereich und an der Basis der Kronröhre überwiegend purpurrot, sonst weißlich oder gelb, Oberlippe helmförmig gewölbt, Blütezeit V-VIII.

Standort: Äcker, Wegränder, Brachflächen, Halbtrockenrasen, Offenland; vorzugsweise auf basen- und kalkreichem Boden.

Verbreitung: In EU weit verbreitet, in D fast nur in der Mittelgebirgsregion.

Wissenswertes: Durch Veränderung der Anbaumethoden und Herbizideinsatz ist der A. stark zurückgegangen. Er zählt zu den Halbschmarotzern, da er die Wurzeln von Getreide u. Gräsern anzapft.

Zottiger Klappertopf
Rhinanthus alectorolophus

Merkmale: Formenreiche, einjährige, 10-50 cm hohe Pflanze mit einfachem oder verzweigtem, dicht zottig behaartem Stängel; Blätter gegenständig, länglich-lanzettlich, gekerbt; Blüten in der Achsel der oberen Stängel- und bleichgrüner, zottig behaarter Tragblätter, Krone 1,8-2,5 cm lang, hellgelb, Oberlippe mit blauviolettem Zahn, Kelch kraus behaart, Blütezeit V-IX. **Standort:** Trockene Wiesen, bevorzugt auf lockeren, mageren Kalkböden.
Verbreitung: M.-EU; in D nach S zu häufiger.

Ähnlich: **Kleiner Klappertopf** *Rhinanthus minor,* Blüten höchstens 1,6 cm lang, Oberlippenzahn weißlich blau; Wiesen, Niedermoore, meidet Kalk.

Schuppenwurz *Lathraea squamaria* FAMILIE BRAUNWURZGEWÄCHSE

Merkmale: Mehrjährige Pflanze ohne Blattgrün mit liegenden, an den Enden aufsteigenden, fleischigen Stängeln, 10-25 cm hoch; Blätter wechselständig, schuppenförmig klein, bleich; Blüten in dichter, einseitswendiger Ähre, Krone rund 1 cm lang, hellrosa bis weißlich violett, Unterlippe stets etwas heller, Blütezeit III-V.
Standort: Auenwälder, Ufergebüsche.
Verbreitung: In EU weit verbreitet; in D fast überall nur zerstreut.
Wissenswertes: Die S. schmarotzt auf den Wurzeln von Haselsträuchern, Pappeln und Erlen und entwickelt einen mehrere Kilogramm schweren Wurzelstock. Als Vollparasit entnimmt sie mit besonderen Saugwurzeln ihrer jeweiligen Wirtspflanze sämtliche mineralischen und organischen Nährstoffe, die sie zum Wachstum benötigt.

Sumpf-Läusekraut *Pedicularis palustris* FAMILIE BRAUNWURZGEWÄCHSE

Merkmale: Formenreiche, zweijährige Pflanze mit 30-50 cm hohen, aufrechten, meist unverzweigten, kahlen Stängeln; Blätter wechselständig, sitzend, bis zur Mittelrippe tief fiederteilig, 2-4 cm lang, unbehaart; Blüten jeweils zu mehreren in kopfig gedrängten Ähren, die sich im Lauf der Zeit etwas strecken, Kronen bis zu 2,2 cm lang, hell purpurn, Oberlippe sichelförmig gebogen, an der Spitze mit 2 stumpfen, abgewinkelten Zähnen, Kelch tief 2-teilig, Blütezeit V-VI.
Standort: Nasswiesen, Feuchtheiden, Nieder- und Zwischenmoore; erträgt Überflutung.
Verbreitung: Vor allem in M.- und dem südlichen N-EU; in D nur in den Moorgebieten verbreitet, zumeist jedoch sehr selten. **RL, §!**
Wissenswertes: Das S. ist ein Halbschmarotzer auf Riedgrasgewächsen und entnimmt deren Wurzeln mineralische Nährstoffe.

Gamander-Sommerwurz
Orobanche teucrii SOMMERWURZGEW.

Merkmale: Ein- bis mehrjährige Pflanze ohne Blattgrün, mit aufrechtem, unverzweigtem, ziemlich gedrungenem Stängel, 10-30 cm hoch; Blätter schuppenförmig, von dreieckigem Umriss, bleich, drüsig behaart, etwa 0,5-1,5 cm lang; Blüten in einer nach oben dichter werdenden Ähre, Kronen 2-3 cm lang, 2-lippig, weißlich, gelblich bräunlich, mitunter leicht rötlich überhaucht, drüsig behaart, Oberlippe tief 2-spaltig mit abstehenden Zipfeln, Blütezeit VI-VIII.
Standort: Lückige Trockenrasen, lichte Gebüsche; vorzugsweise auf kalkhaltigen Löß- und Lehmböden ohne Stickstoffanreicherung.
Verbreitung: Vor allem S-EU; in D vereinzelt im Oberrheingebiet und in der Pfalz.
Wissenswertes: Die G. ist ein Vollschmarotzer, der ausschließlich auf Gamander-Arten (⇨S. 136) lebt. Die Gattung umfasst in M.-EU etwa 20 größtenteils nur sehr schwer unterscheidbare Arten.

Großer Wegerich, Breit-W. *Plantago major* F. WEGERICHGEWÄCHSE

Merkmale: Mehrjährig, 10-40 cm hoch; alle Blätter in einer grundständigen Rosette, kahl, Spreite im Umriss breit oval, 10-15 cm lang, mit 3-9 deutlichen parallelen Nerven, plötzlich verschmälert in den kräftigen Stiel; Blüten unscheinbar grünlich, zahlreich in einer schlanken, bis 15 cm langen Ähre, Blütezeit VI-X.
Standort: Wege, Wegränder, Plätze, Abfallstellen.
Verbreitung: Überall in EU häufig.

Mittlerer Wegerich *Plantago media* FAMILIE WEGERICHGEWÄCHSE

Merkmale: Mehrjährig, 15-40 cm hoch, alle Blätter kurz gestielt, locker behaart und in grundständiger Rosette, Spreite länglich oval; Blüten weißlich mit hellpurpurnen Staubblättern, zahlreich in einer 2-6 cm langen, walzenförmigen Ähre, Blütezeit V-IX.
Standort: Magerwiesen, Halbtrockenrasen, Wegränder.
Verbreitung: In EU weit verbreitet; in D stellenweise aber durchaus selten.

Spitz-Wegerich *Plantago lanceolata* FAM. WEGERICHGEWÄCHSE

Merkmale: Mehrjährig, 10-50 cm hoch; alle Blätter grundständig, zerstreut behaart, schmal lanzettlich, 2-4 cm breit und 10-30 cm lang; Blüten bräunlich, mit langen Staubfäden, zahlreich in einer zylindrisch ovalen Ähre auf 5-kantigem Schaft, ringweise aufblühend, Blütezeit IV-X.
Standort: Wiesen, Weiden, Wegränder, Säume, Schuttplätze.
Verbreitung: In ganz EU weit verbreitet; in D überall sehr häufig, im Gebirge bis in rund 1750 m Höhe.

Strand-Wegerich *Plantago maritima* FAMILIE WEGERICHGEWÄCHSE

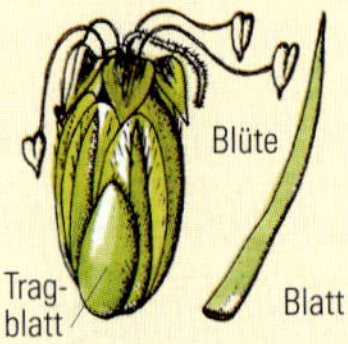

Merkmale: Mehrjährig, 15-30 cm hoch, sämtliche Blätter grundständig, schmal linealisch, 2-6 mm breit, 5-15 cm lang, dickfleischig, oberseits mit Rinne, fein gezähnt; Blüten bräunlich, mit hellgelben Staubblättern, zahlreich in schlanker, zylindrischer Ähre, diese länger als ihr Schaft, Blütezeit VII-VIII.
Standort: Salzwiesen, Deichvorland, Felsspalten in der Spritzwasserzone.
Verbreitung: Sämtliche Küstengebiete in EU.

Krähenfuß-Wegerich *Plantago coronopus* FAM. WEGERICHGEWÄCHSE

Merkmale: Ein- bis mehrjährig, 4-25 cm hoch; Blätter alle in flacher Rosette, Spreite 4-8 cm lang, tief fiederspaltig mit linealischen Zipfeln, behaart; Blüten unscheinbar bräunlich, zahlreich in schlanker, 3-8 cm langer Ähre, Tragblatt mit langer Spitze, Blütezeit VI-IX.
Standort: Salzwiesen, Deichgrünland, Klippen oberhalb der Spritzwasserzone; vorzugsweise auf nährstoffreichen Böden.
Verbreitung: Sämtliche Küstengebiete in EU.

Sand-Wegerich *Plantago indica* FAMILIE WEGERICHGEWÄCHSE

Merkmale: Einjährige, 20-40 cm hohe Pflanze mit einfachem oder verzweigtem Stängel; Blätter nicht in grundständigen Rosetten wie bei den anderen Wegerich-Arten, sondern gegenständig am Stängel, schmal linealisch, kaum gezähnt, wenig behaart; Blüten unscheinbar grünlich, in lang gestielten, kugeligen Ähren in den Achseln der oberen Blätter, Blütezeit VI-IX.
Standort: Dünen, Sandwege, Bahnschotter.
Verbreitung: In EU zerstreut; in D vor allem östlich der Elbe sowie am Rhein.

Kriechender Günsel *Ajuga reptans* FAM. LIPPENBLÜTENGEWÄCHSE

Merkmale: Mehrjährige, 15-30 cm hohe Pflanze mit aufrechtem Stängel und langen oberirdischen Ausläufern; grundständige Blätter als Rosette, spatelig, mit geflügeltem Blattstiel, Stängelblätter gegenständig, länglich oval, fast glattrandig, dunkelgrün; Blüten zu 2-6 in den oberen Blattachseln in dichten Scheinähren, Kronen blau, seltener rosa oder weiß, Oberlippe fehlt, Unterlippe ziemlich lang, 3-zipfelig, Blütezeit V-VII.

Standort: Feuchte Wiesen, Gebüsche, lichte Wälder, Säume, Wegränder, Gärten; auf Lehmböden.

Verbreitung: Im südlichen N- sowie in M.-EU fast überall verbreitet; in D häufig.

Wissenswertes: Die Tragblätter der Blüten sind an ihrer Basis meist blauviolett verfärbt und verstärken so die optische Wirkung des Blütenstands.

Salbei-Gamander *Teucrium scorodonia* F. LIPPENBLÜTENGEWÄCHSE

Merkmale: Mehrjährige Pflanze mit 30-70 cm hohem, 4-kantigem, aufrechtem, meist verzweigtem Stängel, am Grund mit Ausläufern; Blätter gegenständig, gestielt, herzförmig, 1-2 cm breit und 3-6 cm lang, leicht runzelig, weich behaart, am Rand gekerbt, beim Abstreifen unangenehm riechend; Blüten zahlreich in einer schlanken, einseitswendigen Scheinähre, Kronen blass grünlich gelb, um 1 cm lang, ohne deutliche Oberlippe, Kelch helmförmig, Blütezeit VII-IX.

Standort: Eichenwälder, Heiden, Waldsäume, Wege; vorzugsweise auf sauren Böden.

Verbreitung: M.- und S-EU, in D vor allem im Mittelgebirge verbreitet.

Wissenswertes: Der S. benötigt, um optimal zu gedeihen, eine relativ hohe Luftfeuchtigkeit.

Echter Gamander, Edel-G. *Teucrium chamaedrys* LIPPENBLÜTENG.

Merkmale: Mehrjährige, 15-30 cm hohe Pflanze mit liegenden oder aufsteigenden, an der Basis leicht verholzenden Stängeln und unterirdischen Ausläufern; Blätter gegenständig, gestielt, Spreite 1-2,5 cm lang, breit oval, an der Basis keilförmig, am Rand grob gekerbt, auf der Unterseite mit stark hervortretenden Nerven; Blüten zu jeweils 1-6 in den oberen Blattachseln, meist einseitswendig, Kronen bis zu 1,5 cm lang, rosa bis purpurn, ohne deutliche Oberlippe, Kelch abstehend behaart, Blütezeit VII-IX.

Standort: Trockenrasen, Felsgebüsche, lichte Wälder; bevorzugt auf Kalkböden.

Verbreitung: S- und M.-EU; in D fast überall ziemlich selten; auch als Gartenpflanze kultiviert.

Wissenswertes: Von den jährlich aus dem Wurzelstock austreibenden Stängeln entwickelt nur die zweite Staffel Blüten.

Gewöhnliche Braunelle *Prunella vulgaris* LIPPENBLÜTENGEW.

Merkmale: Mehrjährige, meist kleine Pflanze von 10-25 cm Höhe mit verzweigtem, aufrechtem Stängel und oberirdischen Ausläufern; Blätter gegenständig, gestielt, länglich oval, überwiegend glattrandig; Blüten in einer kopfigen Scheinähre unmittelbar oberhalb des obersten Blattpaars, Kronen bis zu 2 cm lang, blauviolett, mit gewölbter Ober- und flacher Unterlippe, Kelch tief 2-lippig, Tragblätter der Blütenquirle lang bewimpert und bräunlich violett, Blütezeit V-X.

Standort: Wiesen, Rasen, Wegränder, lichte Wälder, Weiden, bevorzugt auf nährstoffreichen und frischen Lehmböden.

Verbreitung: Überall in EU ziemlich häufig.

Wissenswertes: Die hübschen Lippenblüten werden hauptsächlich von Hummeln angeflogen. Das Kraut wurde früher arzneilich verwendet, die jungen Blätter schmecken in Kräutersuppen gut.

Weiße Taubnessel *Lamium album* FAMILIE LIPPENBLÜTENGEWÄCHSE

Merkmale: Mehrjährige, bis zu 50 cm hohe Pflanze mit aufrechtem, einfachem, 4-kantigem Stängel; Blätter gegenständig, gestielt, grob gezähnt wie bei der Brennnessel, kurz behaart, daher leicht graugrün erscheinend, beim Abstreifen etwas unangenehm riechend; Blüten zu mehreren in Scheinquirlen in den oberen Blattachseln, Kronen 2-2,5 cm lang, cremeweiß bis reinweiß, Kronröhre aufgebogen, innen mit Haarring, Oberlippe stark gewölbt, Blütezeit IV-VIII.
Standort: Gebüsche, Hecken, Wegränder, Wiesen, Staudenfluren, Abfallstellen, Brachflächen; vorzugsweise auf nährstoffreichen Lehmböden.
Verbreitung: In EU überall verbreitet.
Wissenswertes: Um an den Nektar in der Tiefe der Blüte zu gelangen, beißen Hummeln mit zu kurzem Rüssel die Kronröhre oft »von hinten« an.

Gefleckte Taubnessel *Lamium maculatum* LIPPENBLÜTENGEW.

Merkmale: Formenreiche, mehrjährige Pflanze mit aufrechtem, 4-kantigem Stängel; Blätter gegenständig, lang gestielt, breit oval, zugespitzt, grob gezähnt; Blüten zu 2-8 in Scheinquirlen in den oberen Blattachseln, bilden hier 3-8 Etagen, Kronen 2-2,5 cm lang, tiefrosa bis purpurn, Kronröhre aufgebogen, Oberlippe helmförmig, Unterlippe 3-zipfelig, mit auffälligem Fleckenmuster, Blütezeit IV-IX.
Standort: Wälder, Gebüsche, Hecken, Zäune, Gärten, Böschungen, Ufer; auf stickstoffangereicherten, nährstoffhaltigen, meist frischen Böden.
Verbreitung: Fast überall in EU häufig, im Bergland bis in etwa 2000 m Höhe.
Wissenswertes: Die Samen (Klausen) werden gewöhnlich von Ameisen verschleppt, die gern deren nahrhafte Anhängsel verzehren.

Rote Taubnessel *Lamium purpureum* FAM. LIPPENBLÜTENGEWÄCHSE

Merkmale: Einjährige, 15-30 cm hohe Pflanze mit aufsteigenden oder aufrechten Stängeln; Blätter gegenständig, Spreite 1-1,5 cm breit und fast ebenso lang, meist im oberen Stängeldrittel gehäuft, runzelig, weichhaarig, beim Abstreifen unangenehm riechend; Blüten in Scheinquirlen, Kronen 1-1,5 cm lang, tiefrosa bis purpurn, Unterlippe dunkler gezeichnet, Blütezeit III-X, mitunter bis XII.
Standort: Äcker, Gärten, Weinberge, Brachen.
Verbreitung: In D wie fast überall in EU häufig.

Ähnlich: **Stängelumfassende Taubnessel** *Lamium amplexicaule*, Stängelblätter rundlich, sitzend, Kronen schlank, hellpurpurn; in D nicht allzu häufig.

Goldnessel *Galeobdolon luteum* FAMILIE LIPPENBLÜTENGEWÄCHSE

Merkmale: Formenreiche, mehrjährige Pflanze, 20-60 cm hoch, mit spärlich behaartem Stängel und oberirdischen Ausläufern; Blätter gegenständig, breit eiförmig bis lanzettlich, grob gezähnt oder gekerbt, oberseits mitunter hell gefleckt; Blüten zu 6-10 als Scheinquirle in den oberen Blattachseln, Kronen goldgelb, 1,5-2,5 cm lang, Unterlippe 3-zipfelig, bräunlich gefleckt, Blütezeit IV-VI.
Standort: Laubwälder, Gebüsche, Säume, Hochstaudenfluren; vorzugsweise auf lockeren, tiefgründigen, humusreichen Böden.
Verbreitung: In EU weit verbreitet; in D nahezu überall häufig.
Wissenswertes: Die G. stellt eine so genannte Kleinartengruppe dar, wobei die genaue gegenseitige Abgrenzung und Benennung der verschiedenen Formen zurzeit noch nicht eindeutig feststeht.

Wald-Ziest *Stachys sylvatica*

FAMILIE LIPPENBLÜTENGEWÄCHSE

Merkmale: Mehrjährige, 30-100 cm hohe Pflanze mit behaartem, aufrechtem, im oberen Teil verzweigtem Stängel; Blätter gegenständig, gestielt, die oberen sitzend, 4-9 cm lang, breit oval, grob gezähnt, ähneln denen einer Brennnessel, beim Abstreifen unangenehm riechend; Blüten meist zu 6 in den Achseln der obersten Blätter, bilden zusammen mit diesen eine Scheinähre, Kronen 1-1,3 cm lang, dunkel- bis weinrot gefärbt, Oberlippe nur wenig gewölbt, Unterlippe 3-zipfelig mit helleren Flecken, Blütezeit VI-VIII.

Standort: Waldwege, Lichtungen, Ufer, Säume, Gebüsche, Staudenfluren; bevorzugt auf feuchten, basenreichen, tiefgründigen Böden.

Verbreitung: In EU weit verbreitet; in D vor allem in der Mittelgebirgsregion häufig.

Wiesen-Salbei *Salvia pratensis*

FAMILIE LIPPENBLÜTENGEWÄCHSE

Merkmale: Mehrjährige, 30-80 cm hohe Pflanze mit aufrechtem, hohlem, ästig verzweigtem Stängel; Blätter gegenständig, gestielt, Spreite bis 12 cm lang, breit oval, an der Basis herzförmig, grob und unregelmäßig gezähnt bis wenig gelappt, runzelig; Blüten zahlreich in endständiger, lockerer Ähre, Kronen 2-2,5 cm lang, blauviolett, seltener auch hellblau oder rosa, Oberlippe breit, sichelförmig gekrümmt, Blütezeit V-VIII.

Standort: Halbtrockenrasen, Dämme, Böschungen, meist auf kalkhaltigem Boden.

Verbreitung: Vor allem in M.-EU verbreitet, nordwärts bis zum nördlichen D und England.

Wissenswertes: Wenn Bienen oder Hummeln mit ihrem Rüssel in die Kronröhre vordringen, stoßen sie an die gelenkig aufgehängten Staubblätter, die daraufhin herunterklappen und den Pollen auf den pelzigen Insektenrücken abladen.

Bunter Hohlzahn *Galeopsis speciosa*

FAM. LIPPENBLÜTENGEWÄCHSE

Merkmale: Einjährig, bis zu 1 m hoch, mit aufrechtem, nur an den Knoten abstehend behaartem Stängel; Blätter gegenständig, gestielt, länglich eiförmig, 3-12 cm lang, am Rand gesägt; Blüten zu mehreren quirlartig gehäuft in den Achseln der oberen Blätter, Kronen 2-3,5 cm lang, gelb, nur der Mittellappen der 3-zipfeligen Unterlippe violett gezeichnet oder ganz violett, Kelch mit borstigen Zipfeln, Blütezeit VI-X.

Standort: Wälder, Lichtungen, Gebüsche, Hecken, Säume, Äcker, Brachen, Schuttstellen.

Verbreitung: In EU weit verbreitet; in D im NW ausgesprochen selten, sonst nur zerstreut.

Wissenswertes: Die Gattung Hohlzahn umfasst mehrere gelb oder rötlich blühende Arten. Alle haben 2 zahnartige Ausstülpungen der Unterlippe.

Acker-Minze *Mentha arvensis*

FAMILIE LIPPENBLÜTENGEWÄCHSE

Merkmale: Formenreiche, mehrjährige Pflanze mit aufrechtem oder aufsteigendem Stängel, 10-40 cm hoch; Blätter elliptisch bis oval, wenig gekerbt, beim Zerreiben angenehm aromatisch duftend; Blüten in dichten, etagenartig angeordneten Scheinquirlen im oberen Stängelbereich, der jedoch mit einem Blattschopf endet, Kronen etwa 5 mm lang, rosa bis helllila, Blütezeit VII-IX.

Standort: Gräben, nasses Brachland, Äckerränder, Wegsäume, Waldlichtungen.

Verbreitung: Vor allem in M.-EU; in D fast überall häufig, im NW des Landes nur zerstreut.

Ähnlich: **Wasser-Minze** *Mentha aquatica*, Blüten in Etagen und einem endständigen Schopf, stark duftend.

Ross-Minze *Mentha longifolia* (Bild), Stängel zottig behaart, Blätter länglich, Blüten in langen zylindrischen Blütenständen.

Schwarznessel *Ballota nigra*

FAMILIE LIPPENBLÜTENGEWÄCHSE

Merkmale: Mehrjährige, 50-120 cm hohe Pflanze mit verzweigtem, aufrechtem, 4-kantigem Stängel, meist dicht behaart und rötlich überlaufen; Blätter gegenständig, überwiegend kurz gestielt, Spreite bis zu 8 cm lang, breit lanzettlich bis oval, vorn zugespitzt, an der Basis gestutzt, runzelig; Blüten zu wenigen in den Achseln der oberen Blätter, Kronen 1-1,5 cm lang, trübrot, Oberlippe flach gewölbt, auf der Außenseite dicht behaart, Unterlippe heller geädert, mit eingekerbtem Mittellappen, Blütezeit VI-VI.

Standort: Siedlungsnahes Brachland, Wegränder, Gebüsche, Zäune; bevorzugt auf nährstoff- und stickstoffangereicherten Böden.

Verbreitung: M.- und S-EU; in D von W nach O zunehmend häufig, in vielen Gebieten nur zerstreut.

Ufer-Wolfstrapp *Lycopus europaeus*

FAM. LIPPENBLÜTENGEWÄCHSE

Merkmale: Mehrjährige, 30-100 cm hohe, kaum oder wenig verzweigte Pflanze mit aufrechtem, kantigem, leicht behaartem Stängel; Blätter gegenständig, 6-10 cm lang, im Umriss breit lanzettlich, grob gezähnt, an der Basis mitunter fiederspaltig, hellgrün; Blüten in dichten, halbkugeligen Scheinquirlen in den Achseln der oberen Stängelblätter, Kronen weiß, um die 5 mm lang, undeutlich 2-lippig, angedeutet 4-zipfelig, wie die übrigen Teile ohne besonderen Duft, Blütezeit VII-IX.

Standort: Sumpf- und Nasswiesen, Ufer, Gräben, Röhrichte langsam fließender oder stehender Gewässer, bevorzugt auf nassen, nährstoffreichen Schlamm- oder Torfböden.

Verbreitung: In EU weit verbreitet und regional häufig; in D nahezu überall.

Gundermann, Gundelrebe

Glechoma hederacea LIPPENBLÜTENGEW.

Merkmale: Mehrjährige Pflanze mit kriechenden, 30-80 cm langen, an den Knoten wurzelnden Stängeln, die sich nur in der Blütenregion bis zu 20 cm hoch aufrichten; Blätter gegenständig, gestielt, im Umriss rundlich, 1-2 cm breit und ebenso lang, am Rand gekerbt, unterseits mit vortretenden Blattnerven, glänzend dunkelgrün, mitunter rötlich überlaufen; Blüten zu 1-3 einseitswendig in den Achseln der oberen Blätter, Kronen 1-2 cm lang, blau bis blauviolett, Oberlippe kurz, Unterlippe breit, 3-zipfelig mit großem, geflecktem Mittelteil, Blütezeit IV-VI.

Standort: Wiesen, Auenwälder, Gärten, Mauern, vorzugsweise auf stickstoffreichen Böden.

Verbreitung: In EU überall ziemlich häufig.

Wissenswertes: Der G. ist eine alte Heilpflanze, die jedoch heute noch in der Homöopathie verwendet wird. In der Küche machen sich seine frischen Blätter gut als Gewürz und in Salaten.

Echter Dost *Origanum vulgare*

FAMILIE LIPPENBLÜTENGEWÄCHSE

Merkmale: Mehrjährige, 40-70 cm hohe Pflanze mit festem, aufrechtem, oft verzweigtem Stängel; Blätter gegenständig, kurz gestielt, oval, behaart, glattrandig oder schwach gezähnt, Tragblätter im Bereich des Blütenstands meist rötlich überlaufen, beim Abstreifen würzig nach Pizza duftend; Blüten zahlreich in endständigen Doldenrispen, Kronen um 6 mm lang, blass rosa, Oberlippe aufrecht, Unterlippe 3-zipfelig, Kelch purpurn, Blütezeit VII-IX.

Standort: Halbtrockenrasen, Wegränder, Dämme, Böschungen, Mauern, Gebüsche.

Verbreitung: In EU weit verbreitet; in D vor allem in den Wärmeregionen häufig.

Wissenswertes: Der auch als Wilder Majoran bezeichnete E.D. wird oft als Würzpflanze in Gärten kultiviert. Er lockt viele Schmetterlinge an.

Rundblättrige Glockenblume
Campanula rotundifolia

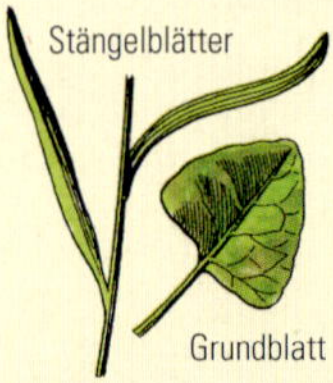

Merkmale: Mehrjährig, 10-30 cm hoch, Stängel aufrecht; grundständige Blätter rundlich, zur Blütezeit meist nicht mehr vorhanden, Stängelblätter linealisch; Blüten 1,5-2 cm lang, zu 2-8 in lockeren Rispen, blauviolett, Blütezeit VI-IX.
Standort: Magerrasen, Felsfluren, Dämme, Mauern, lichte Wälder, Dünen.
Verbreitung: In EU fast überall häufig.

Wiesen-Glockenblume *Campanula patula* GLOCKENBLUMENGEWÄCHSE

Merkmale: Formenreich, zweijährig, Stängel aufrecht, 20-60 cm hoch; grundständige Blätter schmal oval, Stängelblätter wechselständig, lanzettlich, sitzend; Blüten zu 3-10 in lockerer Rispe, Kronen 1,5-2,5 cm lang, helllila bis blauviolett, Blütezeit V-VIII.
Standort: Wiesen, Wegränder, lichte Wälder, Gebüsche.
Verbreitung: In EU fast überall; in D nur im nördlichen Tiefland selten, sonst häufig.

Pfirsichblättrige Glockenblume *Campanula persicifolia*

Merkmale: Mehrjährige Pflanze mit aufrechtem Stängel, 50-80 cm hoch; grundständige Blätter länglich oval, Stängelblätter wechselständig, lanzettlich, um 1 cm breit; Blüten zu 3-8 in einer lockeren Traube, Kronen 2,5-4 cm lang, blau bis blauviolett, selten auch reinweiß, Kronzipfel breit dreieckig, Blütezeit VI-VIII.
Standort: Lichte Wälder, Gebüschsäume. **Verbreitung:** In EU weit verbreitet, ebenso in D; oft auch in Gartenkultur anzutreffen.

Nesselblättrige Glockenblume *Campanula trachelium*

Merkmale: Mehrjährig, mit kantigem, borstig behaartem Stängel, 30-90 cm hoch; Blätter wechselständig, grob und unregelmäßig gezähnt, die unteren gestielt, die oberen sitzend; Blüten zu 5-12 in lockerer, einseitswendiger Traube, Kronen 3-4 cm lang, blauviolett bis blaulila, Kronzipfel am Rand bewimpert, Blütezeit VII-IX.
Standort: Lichte Wälder, Säume, Gebüsche; vorzugsweise auf kalkhaltigem Boden.
Verbreitung: Fast überall in EU.

Ährige Teufelskralle *Phyteuma spicatum* GLOCKENBLUMENGEWÄCHSE

Merkmale: Mehrjährige, bis zu 60 cm hohe Pflanze mit aufrechtem, unverzweigtem Stängel; grundständige Blätter lang gestielt, herzförmig, am Rand gesägt, Stängelblätter schmaler, die oberen sitzend; Blüten zahlreich in einer walzenförmigen Ähre, Kronen cremeweiß, selten hell bläulich, krallenförmig gebogen, Blütezeit V-VII.
Standort: Wälder, Gebüsche, Bergwiesen.
Verbreitung: Vor allem in M.-EU; in D westlich des Rheins nur zerstreut, sonst häufig.

Schwarze Teufelskralle
Phyteuma nigrum GLOCKENBLUMENGEW.

Merkmale: Mehrjährig, Stängel 20-80 cm hoch, unverzweigt; Blätter länglich herzförmig, grob gezähnt, die unteren lang gestielt; Blüten zahlreich in einer dichten Ähre, vor dem Aufblühen gekrümmt, Kronen dunkelviolett, an der Spitze mitunter grünlich, Blütezeit V-VII.
Standort: Wälder, Gebüsche, Bergwiesen bis in 1200 m Höhe.
Verbreitung: Nur in M.-EU nördlich der Alpen, östliche Grenze in Niederösterreich; in D vor allem in den Mittelgebirgen, im Tiefland seltener.

Gänseblümchen *Bellis perennis*

FAMILIE KORBBLÜTENGEWÄCHSE

Merkmale: Mehrjährig, alle Blätter grundständig, spatelförmig bis verkehrt eiförmig, Stängel behaart, 5-10 cm hoch; Blütenkörbchen außen mit weißen, an den Spitzen rötlichen Zungenblüten, innen mit gelben Röhrenblüten, Blütezeit II-XII, hauptsächlich aber III-VI.
Standort: Fettwiesen, Weiden, Rasen, im Gebirge bis in über 2000 m Höhe.
Verbreitung: Überall in EU sehr häufig.

Echte Kamille *Matricaria recutita*

FAMILIE KORBBLÜTENGEWÄCHSE

Merkmale: Einjährig, 15-45 cm hoch, Stängel aufrecht, verzweigt; Blätter wechselständig, mehrfach gefiedert; Blütenkörbchen am Rand mit weißen Zungen-, innen mit goldgelben Röhrenblüten, Körbchenboden kegelig, hohl, Blütezeit V-IX.
Standort: Getreideäcker, Wegränder, Schuttstellen, bevorzugt auf kalkfreiem Lehmboden.
Verbreitung: Fast überall in EU häufig.

Strahlenlose Kamille *Matricaria discoidea*

FAM. KORBBLÜTENGEWÄCHSE

Merkmale: Einjährig, 5-30 cm hoch, Stängel kräftig, zäh, aufrecht, reich verzweigt; Blätter mehrfach gefiedert, mit schmalen Zipfeln; Blütenkörbchen oval, ohne Zungenblüten, nur mit grüngelben Röhrenblüten, beim Zerreiben aromatisch duftend, Blütezeit VI-VIII.
Standort: Äcker, Brachen, Wegränder, Schuttstellen, Trittrasen.
Verbreitung: Stammt ursprünglich aus O-Asien, heute überall in EU verbreitet und häufig.

Strandkamille *Tripleurospermum maritimum*

FAM. KORBBLÜTENGEWÄCHSE

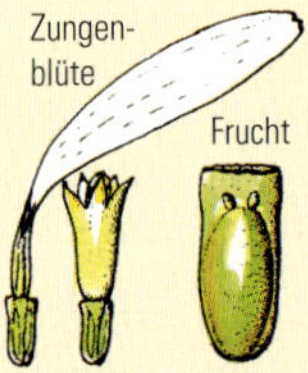

Merkmale: Ein- oder zweijährige, 10-40 cm hohe Pflanze, Stängel liegend oder aufsteigend; Blätter wechselständig, mehrfach gefiedert; Blütenkörbchen 2-5 cm breit, halbkugelig, nicht hohl, Zungenblüten weiß, Röhrenblüten goldgelb, beim Zerreiben geruchlos, Blütezeit VI-X.
Standort: Salzwiesen, Spülsäume, Dünen, Schuttstellen mit salzhaltigem Boden.
Verbreitung: Küsten von W- und NW-EU.

Acker-Hundskamille *Anthemis arvensis*

FAM. KORBBLÜTENGEWÄCHSE

Merkmale: Einjährige, 10-50 cm hohe Pflanze mit verzweigten, ausgebreiteten oder aufrechten Stängeln; Blätter wechselständig, mehrfach gefiedert, beim Zerreiben ohne besonderen Duft; Blütenkörbchen nur flach gewölbt, 2-3,5 cm breit, außen weiße Zungenblüten, im Inneren gelbe Röhrenblüten, Blütezeit VI-IX.
Standort: Äcker, Brachflächen, Wegränder; besonders auf kalkfreien, sauren Böden.
Verbreitung: In D wie fast überall in EU häufig.

Färber-Hundskamille *Anthemis tinctoria*

FAM. KORBBLÜTENGEWÄCHSE

Merkmale: Zwei- oder mehrjährig, 20-70 cm hoch, Stängel fest, aufrecht, verzweigt; Blätter wechselständig, doppelt fiederspaltig; Blütenkörbchen 2-4 cm breit, Zungen- und Röhrenblüten leuchtend gelb, Blütezeit VI-IX.
Standort: Trockenrasen, Gebüsche, Felsfluren, Brachen.
Verbreitung: Hauptsächlich in M.- und S-EU; in D in milden Lagen.
Wissenswertes: Aus den Blüten der auch Färberkamille genannten Art wurde früher ein gelber Textilfarbstoff gewonnen.

Wiesen-Wucherblume, Margerite *Leucanthemum vulgare*

Merkmale: Mehrjährig, 20-90 cm hoch, Stängel aufrecht, meist unverzweigt, leicht kantig; Blätter wechselständig, spatelförmig, zur Basis hin grob gezähnt; Blütenkörbchen 4-6 cm breit, einzeln endständig, flach, Zungenblüten weiß, Röhrenblüten goldgelb, Blütezeit V-IX.
Standort: Wiesen, Halbtrockenrasen, Wegränder, Brachen, Gebüsche, Gärten.
Verbreitung: In EU weitverbreitet; in D überall häufig.

Rainfarn *Tanacetum vulgare*

FAMILIE KORBBLÜTENGEWÄCHSE

Merkmale: Mehrjährige Pflanze mit aufrechtem, kräftigem, gerilltem Stängel, 60-120 cm hoch, beim Zerreiben kampferartiger Geruch; Blätter fiederteilig, Fiedern gesägt; Blütenkörbchen 0,5-1 cm breit, zu mehreren in einer Doldenrispe, Zungenblüten fehlen, Röhrenblüten gelb, Blütezeit VII-IX.
Standort: Brachen, Wegränder, Hecken, Schuttflächen, Dämme, Ufer.
Verbreitung: In ganz EU weit verbreitet und häufig.

Sumpf-Schafgarbe *Achillea ptarmica*

FAM. KORBBLÜTENGEWÄCHSE

Merkmale: Mehrjährige Pflanze mit aufrechtem, kantigem, behaartem Stängel, 30-90 cm hoch; Blätter linealisch lanzettlich, sitzend, fein gezähnt; Blütenkörbchen flach, um 1,5 cm breit, zu mehreren in Doldenrispen, am Rand je 5-12 weiße Zungenblüten, innen weißliche Röhrenblüten, Blütezeit VII-IX.
Standort: Ufer, Gräben, Nasswiesen, Auen, Flachmoore.
Verbreitung: Hauptsächlich in M.-EU; in D weit verbreitet bis zerstreut.

Saat-Wucherblume *Chrysanthemum segetum*

KORBBLÜTENGEW.

Merkmale: Einjährig, 20-60 cm hoch, Stängel aufrecht, kräftig, im oberen Teil wenig verzweigt; Blätter grob gesägt bis fiederspaltig; Blütenkörbchen 2-5 cm breit, flach, Zungen- und Röhrenblüten einheitlich gelb, Blütezeit VII-IX.
Standort: Äcker, Schuttplätze, Wege; meidet Kalk.
Verbreitung: In M.- und S-EU verbreitet, in D jedoch fast überall selten geworden.

Gewöhnliche Schafgarbe *Achillea millefolia*

KORBBLÜTENGEW.

Merkmale: Mehrjährige Pflanze mit aufrechtem Stängel, 15-60 cm hoch; Blätter wechselständig, doppelt fiederteilig mit feinen, zipfeligen Abschnitten; Blütenkörbchen etwa 6-8 mm breit, zahlreich in Doldenrispen, Zungenblüten weiß oder rötlich, Röhrenblüten cremefarben, Blütezeit VI-X.
Standort: Wiesen, Wegränder.
Verbreitung: In EU weit verbreitet; in D fast überall häufig, im Gebirge bis in 2500 m Höhe.

Salz-Aster *Aster tripolium*

FAMILIE KORBBLÜTENGEWÄCHSE

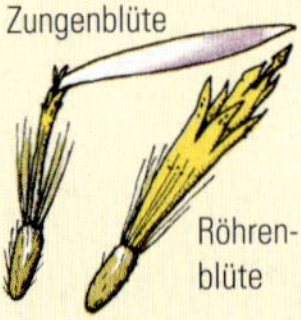

Merkmale: Zweijährige, 15-70 cm hohe Pflanze mit aufrechtem, kräftigem Stängel, der leicht gerillt und oft rötlich ist; Blätter lanzettlich, glattrandig, etwas fleischig; Blütenkörbchen flach, 2-3 cm breit, zahlreich in lockeren Doldenrispen beieinander stehend, die randlichen Zungenblüten ♀, lilablau, die Röhrenblüten zwittrig, gelb, Blütezeit VI-IX.
Standort: Strandwiesen, Prielränder.
Verbreitung: Fast alle Küstengebiete von EU, selten auch an Salzstellen des Binnenlands.

Kanadische Goldrute *Solidago canadensis* F. KORBBLÜTENGEWÄCHSE

Merkmale: Mehrjährige, stattliche Pflanze bis zu 2,5 m Höhe mit aufrechtem, einfachem, im oberen Teil kurzhaarigem, erst im Blütenstand verzweigtem Stängel; Blätter wechselständig, lanzettlich, 7-15 cm lang, im vorderen Drittel gesägt; Blütenkörbchen goldgelb, etwa 5 mm lang, zylindrisch, zahlreich in einseitswendigen, mehr oder weniger aufrecht abstehenden Rispenästen, die unscheinbaren Zungenblüten ungefähr so lang wie die Röhrenblüten, Blütezeit VII-X.

Standort: Flussauen, Gebüsche, Brachen, Schuttstellen, Waldränder, Gartenland.

Verbreitung: Stammt aus N-Amerika, bei uns aus Gartenkultur verwildert; in den meisten Gebieten von EU inzwischen eingebürgert und auch in D vom Tiefland bis ins Gebirge ziemlich häufig.

Echte Goldrute *Solidago virgaurea* FAM. KORBBLÜTENGEWÄCHSE

Merkmale: Mehrjährige, bis zu 80 cm hohe Pflanze mit aufrechtem, nur wenig verzweigtem, kahlem oder zerstreut behaartem Stängel; Blätter wechselständig, länglich elliptisch, zugespitzt, gekerbt, verschmälern sich an der Basis in den schwach geflügelten Blattstiel, die oberen Blätter sitzend und zunehmend glattrandig; Blütenkörbchen 1-2 cm breit, gelb, zahlreich in schlanker Traube oder Rispe, meist mit 6-12 ausgebreiteten Zungenblüten, Blütezeit VII-X.

Standort: Gebüsche, lichte Wälder, Böschungen, Weiden, Bergwiesen; bevorzugt auf trockenem Boden.

Verbreitung: In EU mit Ausnahme des Mittelmeerraums weit verbreitet; in D gebietsweise nur zerstreut, im Bergland bis in etwa 2500 m Höhe.

Wissenswertes: Die E.G. ist eine alte Heilpflanze.

Gewöhnlicher Beifuß *Artemisia vulgaris* KORBBLÜTENGEW.

Merkmale: Mehrjährige, bis zu 1,5 m hohe Pflanze mit aufrechtem, starrem, etwas kantigem Stängel, der meist braunrot überlaufen ist; Blätter wechselständig, grob gezähnt bis fiederteilig mit schmalen, spitzen Zipfeln, oberseits dunkelgrün und fast kahl, unterseits dicht grauweiß behaart, die unteren lang gestielt, die oberen sitzend; Blütenkörbchen nur 2-3 mm breit, unscheinbar grünlich- bis gelbbraun, zahlreich in langen Rispen, ausschließlich mit Röhrenblüten, die äußeren rein ♀, die inneren zwittrig, Blütezeit VII-IX.

Standort: Brachflächen, Wegränder, Böschungen; zeigt nährstoffreichen Lehmboden an.

Verbreitung: Fast überall in EU verbreitet und ziemlich häufig.

Wissenswertes: Der G.B., früher wie heute als Würz- und Heilpflanze genutzt, enthält Bitterstoffe und aromatisch duftendes ätherisches Öl.

Wasserdost, Wasserhanf *Eupatorium cannabinum* KORBBLÜTENG.

Merkmale: Mehrjährige Pflanze mit aufrechtem, unverzweigtem, rundlichem, dicht behaartem Stängel, der bis oben beblättert und oft rötlich überlaufen ist, 70-150 cm hoch; Blätter fast gegenständig, kurz gestielt, handförmig 3- bis 5-teilig, die mittlere Fieder am größten, schmal lanzettlich, unregelmäßig grob gezähnt, 8-15 cm lang; Blütenkörbchen klein, nur mit 4-6 Röhrenblüten, Zungenblüten fehlen, Kronen an der Basis weißlich, nach oben hin hellrosa, Blütezeit VII-IX.

Standort: Feuchte Wälder, Ufer, Auengebüsche, Hochstaudenfluren, Gräben.

Verbreitung: In EU weit verbreitet; in D häufig, meist in großen Beständen auftretend.

Wissenswertes: Der Name Wasserhanf bezieht sich auf die Laubblätter, die denen des Hanfs ähneln. Wegen der relativen späten Blütezeit ist der W. eine wichtige Nahrungsquelle für Schmetterlinge.

Kanadisches Berufskraut
Conyza canadense KORBBLÜTENGEW.

Merkmale: Einjährig, Stängel aufrecht, meist unverzweigt; Blätter wechselständig, schmal lanzettlich, um 1 cm breit, kurz gestielt bis sitzend; Blütenkörbchen klein, etwa 2 mm breit, zahlreich in einer Rispe, Zungenblüten weiß, Röhrenblüten gelb, Blütezeit VI-IX.
Standort: Brachflächen, Wegränder, Schuttstellen.
Verbreitung: Stammt aus N-Amerika; fast überall in EU eingebürgert und häufig, so auch in D.

Huflattich *Tussilago farfara*
FAMILIE KORBBLÜTENGEWÄCHSE

Merkmale: Mehrjährig; alle Blätter grundständig, rundlich herzförmig, 10-30 cm lang, unterseits graufilzig behaart, erscheinen erst nach der Blüte; Blütenschaft 5-15 cm hoch, Körbchen 2-2,5 cm breit, Zungen- und Röhrenblüten gelb, Blütezeit II-IV.
Standort: Brachen, Wegränder, Schuttstellen, Bahndämme, Kiesgruben, lichte Wälder.
Verbreitung: In D wie fast überall in EU häufig.

Rote Pestwurz *Petasites hybridus*
FAMILIE KORBBLÜTENGEWÄCHSE

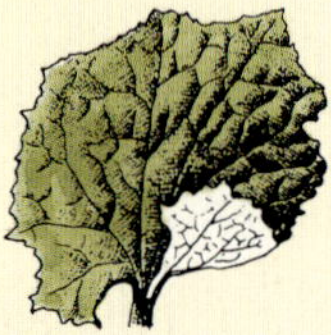

Merkmale: Mehrjährig, alle Blätter grundständig und lang gestielt, Spreiten bis zu 60 cm breit und 100 cm lang, oberseits graugrün, unterseits graufilzig behaart, erscheinen erst nach der Blüte; Blütenkörbchen 0,5-1 cm breit, zahlreich in einer dichten Traube, Kronen purpurn bis blassrosa, Blütezeit II-V.
Standort: Gräben, Bachufer, Feuchtwälder.
Verbreitung: Vor allem in M.- und S-EU; in D nahezu überall verbreitet.

Kleinblütiges Franzosenkraut *Galinsoga parviflora*

Merkmale: Einjährig, Stängel aufrecht, verzweigt, kahl oder nur sehr zerstreut behaart, 20-60 cm hoch; Blätter gegenständig, oval, vorn spitz, am Rand gezähnt; Blütenkörbchen 3-5 mm breit, in lockeren Doldentrauben, die jeweils 5 Zungenblüten weiß, die Röhrenblüten gelb, Blütezeit VI-X.
Standort: Äcker, Gärten, Brachen, Wegränder.
Verbreitung: Stammt aus M.- und S-Amerika; in EU überall eingebürgert und verbreitet.

Behaartes Franzosenkraut
Galinsoga ciliata KORBBLÜTENGEWÄCHSE

Merkmale: Einjährige, 10-70 cm hohe Pflanze, Stängel aufrecht, verzweigt, im oberen Teil abstehend zottig behaart; Blätter gegenständig, länglich oval, vorn spitz, am Rand gezähnt; Blütenkörbchen um 5 mm breit, mit gelben Röhrenblüten und 4-5 weißen Zungenblüten, Blütenstiele mit roten Drüsen besetzt, Blütezeit IV-X.
Standort: Äcker, Gärten, Brachflächen, Plätze.
Verbreitung: Stammt aus Mittel- und S-Amerika; in D wie fast überall in EU eingebürgert.

Nickender Zweizahn *Bidens cernua*
FAMILIE KORBBLÜTENGEWÄCHSE

Merkmale: Einjährig, Stängel kahl, aufrecht, 15-80 cm hoch; Blätter gegenständig oder zu 3 in Wirteln, ungeteilt, oval-lanzettlich, gezähnt; Blütenkörbchen endständig, 2,5-4 cm breit, kugelig, anfangs aufrecht, später nickend, mit 6-9 gelben Zungenblüten (können auch fehlen) und braungelben Röhrenblüten, Blütezeit VII-IX.
Standort: Ufer, Gräben, Niedermoore.
Verbreitung: In EU mit Ausnahme des S weit verbreitet; in D meist nur vereinzelt oder zerstreut.

Hain-Greiskraut *Senecio nemorensis* F. KORBBLÜTENGEWÄCHSE

Merkmale: Mehrjährig, 50-150 cm hoch, Stängel aufrecht, kantig; Blätter wechselständig, 5-20 cm lang, oberseits kahl, unterseits meist behaart, gezähnt; Blütenkörbchen 2,5-3 cm breit, zahlreich in einer breiten Doldenrispe, gelb, meist mit 5 Zungenblüten, Blütezeit VII-IX.
Standort: Wälder, Gebüsche, Lichtungen.
Verbreitung: In M.- und S-EU; in D vor allem in den Mittelgebirgen häufig.

Klebriges Greiskraut *Senecio viscosus* FAMILIE KORBBLÜTENGEWÄCHSE

Merkmale: Einjährige Pflanze, 15-60 cm hoch, Stängel aufrecht bzw. hin- und hergebogen, verzweigt, klebrig behaart; Blätter wechselständig, tief fiederteilig, drüsig-klebrig behaart, anfangs wie mit Spinnweben überzogen; Blütenkörbchen in einer unebenen Doldenrispe, mit 11-15 gelben Zungenblüten, Außenhülle locker, Blütezeit VI-X.
Standort: Bahndämme, Felsschutt, Wegränder.
Verbreitung: In EU weit verbreitet; in D häufig.

Jakobs-Greiskraut *Senecio jacobaea* FAMILIE KORBBLÜTENGEWÄCHSE

Merkmale: Ein- bis mehrjährige, 30-120 cm hohe Pflanze mit aufrechtem, kantigem, oft bräunlichem Stängel; Blätter wechselständig, tief fiederteilig mit zipfeligen Öhrchen, unterseits behaart; Blütenkörbchen 1,7-2 cm breit, gelb, zahlreich in einer flachen Doldenrispe, je 11-15 Zungenblüten, Außenhülle mit 1-2 Blättern, Blütezeit VI-X.
Standort: Trockenwiesen, Gebüsche, Wegränder.
Verbreitung: In D wie in ganz EU fast überall häufig.

Gewöhnliches Greiskraut *Senecio vulgaris* KORBBLÜTENGEWÄCHSE

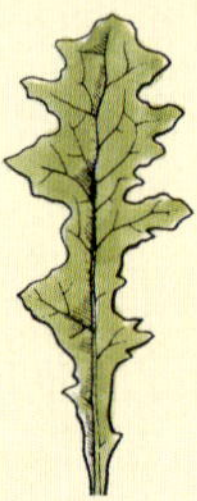

Merkmale: Einjährig, 10-40 cm hoch, Stängel aufrecht, verzweigt, anfangs flockig behaart; Blätter wechselständig, buchtig gelappt bis fiederteilig, unterseits wie mit Spinnweben überzogen; Blütenkörbchen um 5 mm breit, gelb, ohne Zungenblüten, häufig nickend, Außenhülle schwarzgrün, Blütezeit III-X.
Standort: Äcker, Gärten, Schuttstellen.
Verbreitung: In D wie überall in EU sehr häufig.

Schmalblättriges Greiskraut *Senecio inaequidens* KORBBLÜTENGEW.

Merkmale: Mehrjährig, Stängel aufrecht, stark verzweigt, etwas kantig, 30-100 cm hoch; Blätter wechselständig, 2-6 cm lang, schmal lanzettlich, ungleichmäßig gezähnt (lateinischer Artname: Ungleichzähniges Greiskraut); Blütenkörbchen gelb, 1-1,5 cm breit, zahlreich in Doldenrispen, Blütezeit VII-XII.
Standort: Bahngelände, Kiesgruben, Wegränder.
Verbreitung: Aus S-Afrika in EU eingebürgert; im Weser- und Rheingebiet stellenweise häufig.

Topinambur, Erdbirne *Helianthus tuberosus* KORBBLÜTENGEWÄCHSE

Merkmale: Mehrjährige, 1-3 m hohe Pflanze mit aufrechtem, verzweigtem, rau behaartem Stängel, Ausläufer bildend; Wurzelknollen (kleines Foto) gekocht essbar; Blätter gegenständig oder zu 3, länglich oval, gezähnt, rau, dunkelgrün; Blütenkörbchen 5-8 cm breit, flach, leuchtend gelb, mit 12-20 sterilen Zungenblüten, Blütezeit VIII-XI.
Standort: Flussufer, Brachflächen, Waldränder.
Verbreitung: Aus N-Amerika in EU eingebürgert, regional verwildert; in D v.a. in großen Flusstälern.

Kohl-Gänsedistel *Sonchus oleraceus* FAM. KORBBLÜTENGEWÄCHSE

Merkmale: Ein- oder zweijährig, bis zu 1 m hoch, Stängel verzweigt, alle Teile mit viel Milchsaft; Blätter weich, grob gesägt, stachelig gezähnt, bläulich grün, an der Basis geöhrt; Blütenkörbchen 2-2,5 cm breit, hellgelb, Blütezeit VI-X.
Standort: Äcker, Gärten, Brachflächen, Wegränder.
Verbreitung: Fast überall in EU und auch in D ziemlich häufig; früher als Gemüse genutzt.

Dornige Gänsedistel *Sonchus asper* FAM. KORBBLÜTENGEWÄCHSE

Merkmale: Einjährig, Stängel aufrecht, verzweigt, 30-120 cm hoch; Blätter derb, dunkelgrün, leicht glänzend, meist ungeteilt oder wenig fiederspaltig, stachelig gezähnt, an der Basis mit rundlichen Öhrchen; Blütenkörbchen bis 2,5 cm breit, nur mit Zungenblüten, sattgelb, Blütezeit VI-X.
Standort: Äcker, Gärten, Brachflächen, Wege.
Verbreitung: In EU sehr weit verbreitet, in D häufig.

Acker-Gänsedistel *Sonchus arvensis* FAMILIE KORBBLÜTENGEWÄCHSE

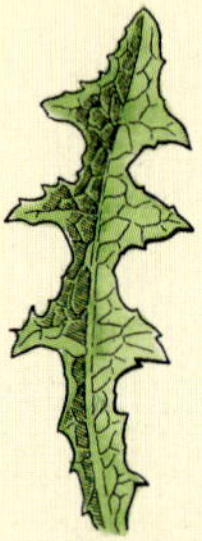

Merkmale: Formenreich, mehrjährig, 50-120 cm hoch, Stängel aufrecht, meist einfach, im oberen Teil drüsig; Blätter wechselständig, tief buchtig, stachelig gezähnt; Blütenkörbchen nur mit Zungenblüten, gelb, 3-4,5 cm breit, zu mehreren in einer lockeren Doldenrispe, nur bei sonnigem Wetter geöffnet, Blütezeit VII-X.
Standort: Äcker, Gärten, Weinberge, Wegränder, Schuttplätze und Dünen.
Verbreitung: In EU fast überall verbreitet.

Golddistel *Carlina vulgaris* FAMILIE KORBBLÜTENGEWÄCHSE

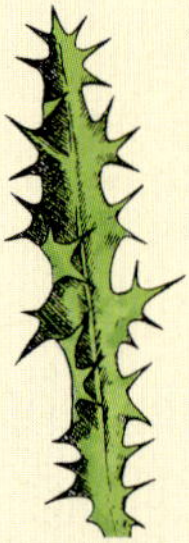

Merkmale: Vorwiegend zweijährig, 20-70 cm hoch, Stängel aufrecht, verzweigt, starr, stachelig; Blätter wechselständig, ungeteilt oder schwach gelappt, stachelig; Blütenkörbchen 2,5-4 cm breit, nur mit braungelben Röhrenblüten, die äußeren Hüllblätter strohgelb, Blütezeit VII-IX.
Standort: Trockenrasen, lichte Wälder, Gebüsche; meist auf Kalk.
Verbreitung: In EU weit verbreitet; in den meisten Gegenden von D nur zerstreut vorkommend.

Löwenzahn, Kuhblume *Taraxacum officinale* KORBBLÜTENGEW.

Merkmale: Mehrjährige, sehr formenreiche Pflanze, alle Teile mit Milchsaft; sämtliche Blätter in einer grundständigen Rosette, gelappt, grob gesägt, fiederspaltig oder gezähnt, kahl; Blütenkörbchen 3-6 cm breit, einzeln endständig auf einem 10-50 cm hohen, rötlichen, hohlen Schaft, gelb, Blütezeit IV-VI.
Standort: Fettwiesen, Weiden, Wegränder, Äcker, lichte Wälder, alpine Matten.
Verbreitung: In D ebenso wie im ganzen übrigen EU überall sehr häufig.

Rauer Löwenzahn *Leontodon hispidus* FAMILIE KORBBLÜTENGEWÄCHSE

Merkmale: Mehrjährig, 10-50 cm hoch, Stängel unverzweigt, aufrecht, schwach behaart, blattlos; Blätter in einer grundständigen Rosette, buchtig bis fiederteilig, kahl oder wenig behaart; Blütenkörbchen einzeln endständig, gelb, 2,5-3,5 cm breit, vor dem Aufblühen nickend, Blütezeit VII-IX.
Standort: Nährstoffreiche, frische Böden von Wiesen, Weiden, Parkrasen, auch Feldwege; oft auf Ton- und Lehmböden.
Verbreitung: In EU weit verbreitet; in D jedoch nur stellenweise häufig.

Kohl-Kratzdistel *Cirsium oleraceum* FAMILIE KORBBLÜTENGEWÄCHSE

Merkmale: Mehrjährig, Stängel aufrecht, verzweigt, 30-150 cm hoch; Blätter wechselständig, weich, die unteren fiederspaltig, die oberen einfach, stachelig umrandet, nicht am Stängel herablaufend; Blütenkörbchen von bleichen Hochblättern umgeben, 3-4 cm breit, nur mit gelblichen Röhrenblüten, Blütezeit VI-IX.
Standort: Nasswiesen, Bachufer, Auen, Gräben.
Verbreitung: Vor allem in M.-EU verbreitet.

Acker-Kratzdistel *Cirsium arvense* FAMILIE KORBBLÜTENGEWÄCHSE

Merkmale: Mehrjährig, Stängel aufrecht, stark verzweigt, nicht geflügelt, 50-150 cm hoch; Blätter wechselständig, buchtig gezähnt oder ungeteilt, zumeist gewellt, nicht am Stängel herablaufend; Blütenkörbchen zu 1-5 in lockeren Rispen, 1 cm breit, blassrosa, Hüllblätter mit schwarzer Spitze, Blütezeit VII-IX.
Standort: Äcker, Gärten, Brachflächen, Wegränder.
Verbreitung: In D wie überall in EU sehr häufig.

Sumpf-Kratzdistel *Cirsium palustre* FAMILIE KORBBLÜTENGEWÄCHSE

Merkmale: Ein- oder zweijährige, 30-180 cm hohe Pflanze, Stängel aufrecht, durch herablaufende Blattränder stachelig geflügelt; Blätter wechselständig, fiederlappig, wie mit feinen Spinnweben überzogen; Blütenkörbchen zu 2-8 in kopfartigen Doldenrispen, um 1,5 cm lang, dunkelpurpurn, Blütezeit VII-IX.
Standort: Nasswiesen, Niedermoore, Gräben.
Verbreitung: In D wie in ganz EU weit verbreitet.

Gewöhnliche Kratzdistel *Cirsium vulgare* KORBBLÜTENGEWÄCHSE

Merkmale: Zweijährige, kräftige Pflanze, 60-120 cm hoch, Stängel aufrecht, durch herablaufende Blattränder stachelig kraus geflügelt; Blätter wechselständig, unterseits graufilzig, grob buchtig, enden jeweils mit einem langen, gelben Stachel; Blütenkörbchen kopfig, bis 4 cm breit und 8 cm lang, purpurn bis violettrot, Blütezeit VII-X.
Standort: Brachflächen, Wegränder, Böschungen.
Verbreitung: Überall in EU verbreitet.

Krause Distel *Carduus crispus* FAMILIE KORBBLÜTENGEWÄCHSE

Merkmale: Zweijährige Pflanze, 50-120 cm hoch, Stängel aufrecht, verzweigt, breit kraus und stachelig geflügelt; Blätter wechselständig, fiederspaltig, stachelig, unterseits filzig behaart; Blütenkörbchen um 1,5 cm breit, zu 3-5 endständig in kopfigen Rispen, hellrosa bis purpurn, Blütezeit VI-IX.
Standort: Auenwälder, Ufer, Gräben, Gebüsche, Wege. **Verbreitung:** In M.-EU verbreitet; im N von D nur zerstreut, nach S hin häufiger.

Große Klette *Arctium lappa* FAMILIE KORBBLÜTENGEWÄCHSE

Merkmale: Zweijährig, 50-150 cm hoch, Stängel aufrecht, verzweigt, kantig, oft rötlich überlaufen; Blätter gestielt, herzförmig, unterseits filzig behaart; Blütenkörbchen 3-4 cm breit, rötlich, Hüllblätter kahl, Blütezeit VII-IX.
Standort: Wegränder, Brachen, Schuttstellen.
Verbreitung: Fast überall in EU verbreitet.
Wissenswertes: Die Früchte der G.K. und weiterer, sehr ähnlicher Kletten-Arten werden durch Tiere verbreitet, an deren Fell oder Federn sie mithilfe von Widerhaken haften bleiben.

Kornblume *Centaurea cyanus*

FAMILIE KORBBLÜTENGEWÄCHSE

Merkmale: Einjährig, 50-80 cm hoch, mit kantigem, weich behaartem Stängel; Blätter wechselständig, lanzettlich, die untersten an der Basis fiederspaltig, graugrün; Blütenkörbchen 2-3,5 cm breit, flach, mit tiefblauen, am Rand vergrößerten Röhrenblüten, Blütezeit VI-IX.

Standort: Getreideäcker, Brachen, Wegränder, Gärten; vorwiegend auf nährstoffreichen Böden.

Verbreitung: In EU fast überall verbreitet, jedoch seit Jahren stark zurückgehend.

Wissenswertes: Seit der Jungsteinzeit ist die K. ein Kulturbegleiter. Zusammen mit dem Klatsch-Mohn prägte sie das Bild sommerlicher Getreideäcker. Durch Herbizideinsatz wurde die Art weitgehend zurückgedrängt und überlebt heute fast nur noch durch besondere Schutzmaßnahmen.

Gewöhnliche Flockenblume

Centaurea jacea KORBBLÜTENGEWÄCHSE

Merkmale: Auch Wiesen-Flockenblume genannte, mehrjährige, 30-70 cm hohe Pflanze mit aufrechtem, verzweigtem Stängel; Blätter wechselständig, lanzettlich, meist glattrandig, rau behaart; Blütenkörbchen 2-4 cm breit, nur mit violetten Röhrenblüten, von denen die randlichen stark vergrößert und steril sind, Blütezeit VI-X.

Standort: Trockenwiesen, Magerrasen, Feldraine.

Verbreitung: In EU fast überall verbreitet.

Ähnlich: **Skabiosen-Flockenblume** *Centaurea scabiosa,* Blätter tief fiederspaltig, Hüllblätter mit schwärzlichem Rand; Standorte und Verbreitung wie die Gewöhnl. F.

Blauer Lattich *Lactuca perennis*

FAMILIE KORBBLÜTENGEWÄCHSE

Merkmale: Mehrjährige Pflanze mit 40-70 cm hohem, im oberen Teil verzweigtem, kahlem Stängel; Blätter wechselständig, tief fiederteilig, bläulich grün, mit viel Milchsaft, die oberen sitzend und mit der Basis den Stängel umfassend; Blütenkörbchen 2,5-4 cm breit, flach, zu mehreren in endständigen Rispen, nur mit 12-20 hellblauen, seltener blaulila Zungenblüten, Blütezeit V-VII.

Standort: Trockenrasen, Mauern, sonnige, trockene Felsfluren, Böschungen, Weinberge; vorzugsweise auf kalkhaltigen Böden.

Verbreitung: Hauptsächlich im südlichen M.- und in S-EU; in D fast nur in den Wärmegebieten, im Bergland bis in etwa 1700 m Höhe.

Wissenswertes: Der B.L. gehört zur selben Gattung, der auch die Kulturpflanzen Kopfsalat, Eissalat und Römischer Salat entstammen.

Wegwarte *Cichorium intybus*

FAMILIE KORBBLÜTENGEWÄCHSE

Merkmale: Mehrjährige, 30-150 cm hohe Pflanze mit aufrechtem, sparrig verzweigtem und leicht rauhaarigem Stängel; Grundblätter rosettig, Stängelblätter wechselständig, grob gesägt bis fiederteilig, die oberen zunehmend schmaler und nur noch wenig geteilt; Blütenkörbchen 3-4 cm breit, hellblau, seltener auch rosa oder weißlich, nur mit Zungenblüten, Blütezeit VII-IX.

Standort: Wegränder, Brachen, Wiesen, Schuttstellen; bevorzugt auf trockenem Boden.

Verbreitung: In EU weit verbreitet; im N von D nur zerstreut, fehlt außerdem in den Alpen.

Wissenswertes: Die Blütenköpfe öffnen sich nur bei sonnigem Wetter und sind sehr kurzlebig: Bereits am frühen Nachmittag des Aufblühtages verwelken sie wieder. Die W. ist die Stammpflanze von (Kaffee-)Zichorie und Chicorée.

Wiesen-Pippau *Crepis biennis*
FAMILIE KORBBLÜTENGEWÄCHSE

Merkmale: Zweijährig, Stängel aufrecht, verzweigt, mit Milchsaft, 30-120 cm hoch; Blätter wechselständig, tief buchtig gezähnt bis fiederteilig, an der Basis verschmälert; Blütenkörbchen 2-3,5 cm breit, gelb, nur mit Zungenblüten, in einer lockeren Rispe, Hülle behaart, Blütezeit V-IX.
Standort: Fettwiesen, Weiden, Wegränder, Äcker.
Verbreitung: Überall in D wie in ganz EU verbreitet.

Rainkohl *Lapsana communis*
FAMILIE KORBBLÜTENGEWÄCHSE

Merkmale: Einjährige, 30-120 cm hohe Pflanze mit aufrechtem, verzweigtem Stängel, alle Teile mit Milchsaft; Blätter wechselständig, gestielt, weit buchtig bis fiederteilig mit großem Endlappen; Blütenkörbchen 1,5-2 cm breit, nur mit hellgelben Zungenblüten, zahlreich in lockeren Rispen beieinander stehend, Blütezeit V-IX.
Standort: Äcker, Brachflächen, Gärten, Gebüsche.
Verbreitung: In D wie fast überall in EU häufig.

Wald-Habichtskraut *Hieracium sylvaticum*
F. KORBBLÜTENGEWÄCHSE

Merkmale: Mehrjährig, 20-50 cm hoch, überaus formenreich, Stängel aufrecht, ganz ohne oder höchstens unten mit 1-2 kleinen Blättern; Grundblätter in einer Rosette, länglich oval, unregelmäßig gezähnt; Blütenkörbchen 2,5-3 cm breit, nur mit gelben Zungenblüten, zu mehreren in einer Doldenrispe, Blütezeit V-IX.
Standort: Laub- und Mischwälder, Gebüsche, schattige Mauern.
Verbreitung: In EU fast überall häufig; im Gebiet außerdem weitere, z.T. sehr ähnliche Arten.

Wiesen-Bocksbart *Tragopogon pratensis*
FAM. KORBBLÜTENGEWÄCHSE

Merkmale: Ein- bis mehrjährig, formenreich, 30-70 cm, Stängel aufrecht, verzweigt; Blätter wechselständig, bläulich grün, glattrandig, schmal lanzettlich, kahl; Blütenkörbchen 3,5-5 cm breit, flach, nur mit gelben Zungenblüten, die nur vormittags aufblühen, Blütezeit V-VIII.
Standort: Fettwiesen, Brachen.
Verbreitung: In EU weit verbreitet; in manchen Gegenden von D nur zerstreut.

Mauerlattich *Mycelis muralis*
FAMILIE KORBBLÜTENGEWÄCHSE

Merkmale: Mehrjährig, Stängel aufrecht, rundlich, im oberen Teil verzweigt, 25-150 cm hoch, alle Teile mit Milchsaft; Blätter wechselständig, buchtig fiederteilig mit eckigen End- und Seitenlappen, dünn, bläulich grün; Blütenkörbchen um 1,5 cm breit, nur mit 5 (manchmal 7) blassgelben Zungenblüten, Blütezeit VII-IX.
Standort: Feuchte Mischwälder, Gebüsche, Mauern.
Verbreitung: In D wie in ganz EU überall häufig.

Kleines Habichtskraut *Hieracium pilosella*
KORBBLÜTENGEWÄCHSE

Merkmale: Mehrjährig, 5-20 cm hoch, formenreich, Ausläufer bildend; Blätter allesamt grundständig, schmal oval, oberseits langhaarig, unterseits graufilzig behaart, mit Milchsaft; Blütenkörbchen einzeln endständig, 2-3 cm breit, nur mit schwefelgelben Zungenblüten, diese außen oft rot gestreift, Blütezeit V-X.
Standort: Trockenrasen, Mauern, Felsfluren, Wegränder.
Verbreitung: In D wie in ganz EU überall häufig, im Gebirge noch in 3000 m Höhe anzutreffen.

Liliengewächse und ihre Verwandten

Die Verwandtschaft der Liliengewächse ist buchstäblich eine Klasse für sich. Ihre Vertreter bilden innerhalb der Bedecktsamer die Pflanzenklasse der Einkeimblättrigen, deren Bauplanmerkmale sich beispielhaft aus der Gestalt einer Lilie ableiten lassen: Die Blätter sind schmal, lang und streifennervig. Die Blüten zeigen sich dreizählig, im Gegensatz zu den überwiegend vier- oder fünfzähligen Blumen auf den bisherigen Seiten. Die Blütenhülle besteht bei den Liliengewächsen nicht aus grünen Kelch- und bunten Kronblättern, sondern aus ziemlich einheitlichen Blütenhüllblättern, im Folgenden einfach als Blütenblätter bezeichnet. Oft sind diese auffällig farbig und stellen ein klares Signal an die bestäubenden Insekten dar. Von diesem Grundbauplan lassen sich aber auch die vereinfachten, auf Windbestäubung eingerichteten Blüten der Süß- und Riedgräser ableiten, die im vorliegenden Band nicht aufgenommen sind. Ähnlich wie bei den Zweikeimblättrigen finden sich bei manchen Einkeimblättrigen bemerkenswerte Abwandlungen der Blütensymmetrie. So sind die Orchideen Paradebeispiele für zweiseitige Spiegelbildlichkeit mit teilweise geradezu bizarren Lippenbildungen.

Wilde Tulpen im Weinberg

Wiesen-Gelbstern *Gagea pratensis*

FAMILIE LILIENGEWÄCHSE

Merkmale: Mehrjährige Zwiebelpflanze, 5-20 cm hoch, meist nur mit 1 grundständigen, gekielten und bewimperten Blatt von etwa 4 mm Breite, an der Basis oft rötlich; je 1-5 Blüten, 2-3 cm breit, mit 6 gelben, außen grünlichen Blütenblättern, Blütezeit III-IV.

Standort: Äcker, Wiesen, Gebüsche; meist auf lockerem Lehm- und Lößboden.

Verbreitung: In M.-EU zerstreut; in D relativ selten.

Beinbrech, Moorlilie *Narthecium ossifragum*

FAMILIE LILIENGEWÄCHSE

Merkmale: Mehrjährig, 10-30 cm hoch, mit kriechendem Wurzelstock und aufrechten Stängeln; Blätter überwiegend grundständig, grasartig, etwas gebogen; Blüten bis zu 1,5 cm breit, in lockerer Traube, Blütenblätter innen goldgelb, außen grünlich, Staubblätter wollig behaart, Blütezeit VII-VIII.

Standort: Nasswiesen, Feuchtheiden, Moore.

Verbreitung: W- und NW-EU; in D nur bis zum nördlichen Mittelgebirge. **RL, §!**

Ästige Graslilie *Anthericum ramosum*

FAMILIE LILIENGEWÄCHSE

Merkmale: Mehrjährig, 30-90 cm hoch, mit aufrechtem, im Blütenstand rispig verzweigtem Stängel; Blätter wechselständig, grasartig, dunkelgrün, 2-6 mm breit; Blüten weiß, 1,5-2,5 cm breit, die 3 inneren Blütenblätter deutlich breiter als die 3 äußeren, Staubbeutel gelb, Blütezeit VI-VIII.

Standort: Trockenrasen, lichte Wälder, vor allem auf kalkhaltigen Böden.

Verbreitung: M.- und S-EU; in D nur zerstreut.

Schachblume *Fritillaria meleagris*

FAMILIE LILIENGEWÄCHSE

Merkmale: Mehrjährige Zwiebelpflanze, 20-30 cm hoch, mit rundem, einfachem Stängel; Blätter wechselständig, schmal lanzettlich, graugrün; Blüten einzeln endständig, 3-4 cm lang, nickend, die 6 Blütenblätter purpurbraun, fleckig gescheckt, mitunter auch heller oder gar ganz weiß, Blütezeit IV-V.

Standort: Feuchtwiesen, Niedermoore, Gräben.

Verbreitung: In M.- und SO-EU sehr zerstreut. **RL, §!**

Herbst-Zeitlose *Colchicum autumnale*

FAMILIE LILIENGEWÄCHSE

Merkmale: Mehrjährige Pflanze mit tief sitzender Knolle; Blätter breit lanzettlich, glänzend grün, kahl, glattrandig, etwas fleischig; Blüten 3-5 cm lang mit bis zu 25 cm langer Röhre, lila, Blütezeit VIII-X, d.h. lange vor dem Laubaustrieb im folgenden Frühjahr; Kapselfrüchte im Hochsommer. Ganze Pflanze stark giftig!

Standort: Feuchtwiesen, grasige Hänge.

Verbreitung: Vor allem in M.-EU; in D stellenweise recht selten (geworden).

Astlose Graslilie *Anthericum liliago*

FAMILIE LILIENGEWÄCHSE

Merkmale: Mehrjährig, 30-60 cm hoch, Stängel blattlos, aufrecht, unverzweigt; sämtliche Blätter in einer grundständigen Rosette, grasartig, schmal linealisch, 2-5 mm breit, spitz; Blüten weiß, 2-4 cm breit, alle Blütenblätter gleich breit, in einer lockeren Traube, Blütezeit V-VII.

Standort: Trockenrasen, lichte Wälder, Steppenheiden; meidet kalkhaltige Böden.

Verbreitung: S- und M.-EU; in D nur zerstreut, vor allem im N des Landes selten.

Wilde Tulpe *Tulipa sylvestris*
FAMILIE LILIENGEWÄCHSE

Merkmale: Mehrjährige Zwiebelpflanze mit rundlichem, aufrechtem, unverzweigtem Stängel, 30-60 cm hoch; Blätter schmal lanzettlich, graugrün, flach, 1-2 cm breit und bis zu 30 cm lang; Blüten einzeln endständig, Blütenblätter gelb, spitz, die inneren an der Basis behaart, Blütezeit IV-V.
Standort: Gebüsche, Hecken, (aufgelassene) Weinberge; auf lockeren, warmen, mäßig nährstoffreichen Böden; früher auch häufig als Zierpflanze verwendet.
Verbreitung: M.- und S-EU; in D selten, durch Herbizideinsätze im Weinbau stark gefährdet. **RL, §!**

Zweiblättriger Blaustern
Scilla bifolia FAMILIE LILIENGEWÄCHSE

Merkmale: Formenreiche, mehrjährige Zwiebelpflanze, 10-20 cm hoch; nur 2 grundständige Blätter, bis zu 10 cm lang, schmal lanzettlich, den Blütenstandsschaft umfassend; Blüten um 1,5 cm breit, hell- bis leuchtend blau, seltener auch rosa oder weiß, Blütezeit III-IV.
Standort: Lichte Laubwälder, Auen, Gebüsche.
Verbreitung: M.- und S-EU; in D zerstreut im SW. **§!**

Dolden-Milchstern *Ornithogalum umbellatum*
FAM. LILIENGEWÄCHSE

Merkmale: Mehrjährige, formenreiche Zwiebelpflanze, 10-30 cm hoch; Blätter grundständig, schmal linealisch, nur 2-3 mm breit, rinnig, mit hellem Mittelstreifen; Blüten 2-3,5 cm breit, weiß, außen mit grünlichem Streifen, zu 3-12 in einer Doldentraube, Blütezeit V-VI.
Standort: Wiesen, Weinberge, Gebüsche, Böschungen.
Verbreitung: S- und M.-EU; in D hauptsächlich in den Mittelgebirgen und im NW.

Schopfige Traubenhyazinthe
Muscari comosum F. LILIENGEWÄCHSE

Merkmale: Mehrjährige Zwiebelpflanze, 30-70 cm, Stängel aufrecht, einfach; nur 2-4 grundständige Blätter, 1-2,5 cm breit; Blüten zahlreich in einer verlängerten Traube, diese oben mit einem Schopf glockiger, tiefblauer, steriler Blüten, untere Blüten bräunlich, abstehend, Blütezeit V-VI.
Standort: Weinberge, Magerrasen, Steppen.
Verbreitung: S-EU; in D selten. **RL, §!**

Bär-Lauch *Allium ursinum*
FAMILIE LILIENGEWÄCHSE

Merkmale: Mehrjährige Zwiebelpflanze, 20-40 cm hoch; 2 grundständige Blätter, elliptisch lanzettlich, glattrandig, dunkelgrün, alle Teile nach Knoblauch duftend; Blüten 1-2 cm breit, weiß, zahlreich in einer endständigen Scheindolde beieinander stehend, Blütezeit IV-VI.
Standort: Lichte Laubwälder, Gebüsche, Auen, schattige Bachufer; vorzugsweise auf tiefgründigen, kalkhaltigen Böden.
Verbreitung: In D wie fast überall in EU verbreitet.

Gekielter Lauch *Allium carinatum*
FAMILIE LILIENGEWÄCHSE

Merkmale: Mehrjährige Zwiebelpflanze, 30-60 cm hoch; Blätter linealisch, 2-4 mm breit, flach, rinnig, am Rand gerippt, unterseits gekielt; Blüten mit lilapurpurnen Blütenblättern, Blütenstiele 4- bis 6-mal so lang wie diese, Staubblätter weit aus der Blüte ragend, zahlreiche Blüten in Scheindolden beieinander stehend, fast immer mit Brutzwiebeln, Blütezeit VI-VII.
Standort: Halbtrockenrasen, Moorwiesen.
Verbreitung: S- und M.-EU; in D nur zerstreut.

Schattenblume *Maianthemum bifolium*
FAMILIE LILIENGEWÄCHSE

Merkmale: Mehrjährige Rhizompflanze, 5-20 cm hoch, Stängel geknickt aufrecht; zur Blütezeit nur mit 2 wechselständigen, horizontal ausgebreiteten, breit herzförmigen Blättern, sonst nur mit 1 Blatt; Blüten um 5 mm breit, weiß, zahlreich in lockerer Rispe, Blütezeit IV-V. Giftig!
Standort: Schattige Laub- und Mischwälder, im Küstengebiet auch in Dünen.
Verbreitung: In EU fast überall verbreitet, im Gebirge (alpine Matten) bis in 1800 m Höhe.

Quirlblättrige Weißwurz *Polygonatum verticillatum*
LILIENGEW.

Merkmale: Mehrjährig, 30-80 cm hoch, Stängel aufrecht, kräftig, kantig; Blätter schmal lanzettlich, glattrandig, kahl, zu 3-8 quirlständig; Blüten um 1 cm lang, grünlich weiß, zu 2-6 an kurzen, hängenden Stielen in den Blattachseln, Blütezeit V-VI.
Standort: Schattige Laub-, Misch- und Nadelwälder; oft auf kalkhaltigem Boden.
Verbreitung: In EU weit verbreitet; in D meist nur im Bergland oberhalb von 500 m Höhe.

> Ähnlich: **Wohlriechende Weißwurz** *Polygonatum odoratum,* nur 30-40 cm hoch, Stängel kantig, jeweils 1-2 Blüten in den Blattachseln.

Türkenbund-Lilie *Lilium martagon*
FAMILIE LILIENGEWÄCHSE

Merkmale: Mehrjährig, 30-100 cm hoch, Stängel aufrecht, unverzweigt, rund, meist rotfleckig; Blätter bis zu 15 cm lang, in der Stengelmitte zu 5-9 quirlständig, sonst wechselständig, schmal oval, glattrandig, kahl; Blüten 3-6 cm breit, trübrosa, dunkler gepunktet, Blütenblätter zurückgekrümmt, Staubblätter zimtbraun, Blütezeit VI-VIII.
Standort: Tiefgründige, humushaltige Böden in lichten Laubwäldern, erträgt jedoch auch Schatten; nur im Bergland in Grasfluren und auf Wiesen. Die Pflanzen werden nicht selten vom Wild verbissen. Auch in Gartenkultur sieht man sie oft.
Verbreitung: M.- und SO-EU; in D zerstreut, fehlt im Norddeutschen Tiefland völlig. **RL, §!**

Maiglöckchen *Convallaria majalis*
FAMILIE LILIENGEWÄCHSE

Merkmale: Mehrjährige Rhizompflanze, 5-20 cm hoch, meist nur mit 2 Blättern, diese aufrecht, breit lanzettlich, glattrandig; Blüten glockig, um 5 mm breit, weiß, zu 3-9 in einer lockeren, einseitswendigen Traube, stark duftend, Blütezeit V-VI. Alle Teile der Pflanze sind stark giftig!
Standort: Lichte Laubwälder, Gebüsche.
Verbreitung: In EU weit verbreitet, im Gebirge (alpine Matten) bis in etwa 1800 m Höhe.

Vielblütige Weißwurz *Polygonatum multiflorum*
LILIENGEWÄCHSE

Merkmale: Mehrjährige Rhizompflanze, 30-80 cm hoch, mit bogig überhängendem, rundem Stiel; Blätter oval, spitz, 2-reihig wechselständig; Blüten engglockig, bis 1,5 cm lang, weiß, zu 2-5 den Blattachseln entspringend, Blütezeit V-VI. Wie auch die anderen Weißwurz-Arten ist die V. W. in allen Teilen giftig, vor allem die Beeren enthalten starke Giftstoffe!
Standort: Laub- und Mischwälder, Gebüsche.
Verbreitung: In D wie im übrigen EU weit verbreitet.

Einbeere *Paris quadrifolia*
FAMILIE EINBEERENGEWÄCHSE

Merkmale: Mehrjährige, 10-30 cm hohe Rhizompflanze mit aufrechtem, unverzweigtem Stängel; Blätter (meist) zu 4 quirlständig, netznervig; Blüten lang gestielt, endständig, 2-3 cm breit, die 4 äußeren Blütenblätter hellgrün, die 4 inneren kürzer und gelblich, Blütezeit V-VI. Alle Teile der Pflanze, besonders aber die Beere giftig!
Standort: Lichte Wälder; vorzugsweise auf nährstoffreichem, humosem, lockerem Boden.
Verbreitung: Fast ganz EU, vor allem aber in M.-EU.

Schneeglöckchen *Galanthus nivalis* FAMILIE NARZISSENGEWÄCHSE

Merkmale: Mehrjährige Zwiebelpflanze, 5-20 cm hoch; Blätter bis zu 10 cm lang, schmal, bläulich bereift; Blüte einzeln, hängend, die 3 äußeren Blütenblätter um 1,5 cm lang, die 3 inneren um 1 cm, mit grünem Farbmal, Blütezeit II-III.
Standort: Laubmischwälder, Auengebüsche.
Verbreitung: M.- und S-EU; in D nur noch wenige natürliche Vorkommen. **RL, §!**

Frühlings-Knotenblume *Leucojum vernum* NARZISSENGEWÄCHSE

Merkmale: Auch Märzenbecher genannte, mehrjährige Zwiebelpflanze, 10-30 cm hoch; Blätter etwa 1 cm breit, unbereift; Blüten einzeln endständig auf blattlosem Stängel, hängend, 1-1,5 cm lang, Blütenblätter alle an der Spitze mit gelbgrünem Farbmal, Blütezeit II-IV. Giftig!
Standort: Laubmisch- und Auenwälder, Wiesen.
Verbreitung: M.-EU, in D nur zerstreut. **RL, §!**

Gelbe Narzisse *Narcissus pseudonarcissus* FAM. NARZISSENGEWÄCHSE

Merkmale: Mehrjährig, 15-40 cm hoch, alle Blätter grundständig, 1-2 cm breit, rinnig, blaugrün; Blüten einzeln endständig, nickend, 5-7 cm breit, Blütenblätter hellgelb, an der Basis röhrig verwachsen, Nebenkrone dottergelb, kraus, Blütezeit III-IV.
Standort: Feuchtwiesen, Waldränder, Auen, Bachufer.
Verbreitung: W.-EU; in D nur in den nordwestl. Mittelgebirgen (Eifel, Hunsrück) und in den südl. Gebirgen bis in 2000 m Höhe. **RL!**

Sumpf-Schwertlilie, Gelbe S. *Iris pseudacorus* SCHWERTLILIENGEW.

Merkmale: Mehrjährige, 50-150 cm hohe Pflanze mit aufrechtem Stängel; Blätter bis zu 90 cm lang, 1-3 cm breit, grün, mit deutlicher Mittelrippe; Blüten bis zu 10 cm breit und hoch, gelb, nicht bärtig, die äußeren Blütenblätter dunkler geädert und größer als die inneren, Blütezeit V-VII.
Standort: Gräben, Sümpfe, Ufer, Röhrichte.
Verbreitung: In EU außer in den Hochgebirgen weit verbreitet; in D nur stellenweise häufig. **§!**

Sibirische Schwertlilie *Iris sibirica* FAM. SCHWERTLILIENGEWÄCHSE

Merkmale: Mehrjährige, 40-80 cm hohe Pflanze mit aufrechtem, rundem, im Bereich des Blütenstands ein wenig verzweigtem Stängel; die grundständigen Blätter bis zu 60 cm lang, 2-6 mm breit, bläulich grün; Blüten lang gestielt, zu 1-4 (meist 2) endständig, blauviolett, an der Basis weißlich und dunkel geädert, Blütezeit V-VI.
Standort: Sumpfwiesen, Ufer, Röhrichte.
Verbreitung: Südliches M.- und S-EU; in D nur zerstreut bis selten. **RL, §!**

Sumpf-Siegwurz *Gladiolus palustris* FAM. SCHWERTLILIENGEWÄCHSE

Merkmale: Mehrjährige Knollenpflanze, 30-70 cm hoch, Stängel aufrecht, mit 2-3 Blättern; Grundblätter schmal linealisch, 4-9 mm breit; Blüten 3 cm lang, hellpurpurn, mit hellen und dunklen Längsstreifen auf den unteren Blütenblättern, zu 2-6 in einer einseitswendigen Ähre aufgereiht, Blütezeit V-VII.
Standort: Nass- und Moorwiesen, Niedermoore; bevorzugt auf kalkhaltigem Boden.
Verbreitung: M.- und SO-EU; in D zerstreut bis selten, in den Alpen bis in 1700 m Höhe. **RL! §!**

Frauenschuh *Cypripedium calceolus* FAM. KNABENKRAUTGEWÄCHSE

Merkmale: Mehrjährig, 20-70 cm hoch, Stängel aufrecht, rund, wenig beblättert und behaart; Blätter breit oval, glattrandig, kahl, spitz; Blüten zu 1-4, der zentrale Teil als gelbe, aufgeblähte, bis zu 4 cm breite Lippe mit schwachen Längsstreifen ausgebildet, die äußeren Blütenblätter braunviolett bis rotbraun, schmal, meist etwas verdreht, Blütezeit V-VI.

Standort: Lichte Laubwälder, Gebüsche; bevorzugt auf kalkreichem Lockerboden.

Verbreitung: Vor allem in M.-EU, fehlt im Mittelmeerraum weitgehend; in D von der Mittelgebirgsregion südwärts nur zerstreut. **RL! §!**

Wissenswertes: Der große, auffällige Lippenteil wirkt als Fliegenkesselfalle: Die Besucher stürzen ab, können nur an Staubgefäßen und Narben vorbei entkommen und sichern damit die Bestäubung.

Weißes Waldvöglein *Cephalanthera damasonium* KNABENKRAUTG.

Merkmale: Mehrjährige Pflanze mit aufrechtem, leicht kantigem, im Blütenstand etwas geschlängeltem Stängel, 20-50 cm hoch; Blätter länglich oval, spitz, glattrandig; Blüten mit Tragblättern, bis zu 3 cm breit, cremeweiß, ohne Sporn, zu 3-8 in einer lockeren Traube vereint, Blütezeit V-VI.

Standort: Lichte Laubwälder, hauptsächlich Buchenwälder, gelegentlich auch Gebüsche auf Halbtrockenrasen; vorzugsweise auf Kalkböden.

Verbreitung: M.- und S-EU; in D im mittleren und südlichen Teil zerstreut, sonst ziemlich selten. **RL!**

Wissenswertes: Die Blüten bleiben in der Regel geschlossen und sind somit auf Selbstbestäubung angewiesen. Mitunter finden sich nahezu blattgrünfreie Exemplare dieser Pflanzenart.

Rotes Waldvögelein *Cephalanthera rubra* KNABENKRAUTGEWÄCHSE

Merkmale: Mehrjährige Pflanze mit aufrechtem, meist etwas kurvig gewachsenem oder geschlängeltem, im oberen Teil behaartem Stängel mit Blättern, 20-60 cm hoch; Blätter wechselständig, breit oval, 2-3 cm breit und 5-12 cm lang, glattrandig, spitz; Blüten zu 2-7 in einer lockeren Traube beieinander stehend, 2,5-4 cm breit, meist geöffnet, rosaviolett, Lippe ohne Sporn, mit gelblichen Längsleisten, Blütezeit VI-VII.

Standort: Laub- und Nadelmischwälder, auf humosem, meist kalkhaltigem Lockerboden.

Verbreitung: M.-, O- und Teile von S-EU; in D vor allem in der Mittelgebirgsregion und im Alpenvorland, fehlt im Tiefland. **RL, §!**

Wissenswertes: Die Blüten werden gewöhnlich von großen Fliegen und Bienen bestäubt, doch kommt auch Selbstbestäubung vor.

Nestwurz *Neottia nidus-avis* FAMILIE KNABENKRAUTGEWÄCHSE

Merkmale: Mehrjährige, 20-40 cm hohe Pflanze mit aufrechtem, unverzweigtem, rundem Stängel, gesamte Pflanze bleichbraun, ohne erkennbares Blattgrün; sämtliche Laubblätter zu bleichen Schuppen zurückgebildet; Blüten zahlreich in einer dichten, allseitswendigen Ähre, bis zu 1,5 cm groß, bräunlich, seltener strohgelb, ohne Sporn, Blütezeit V-VI.

Standort: Hauptsächlich in Buchenwäldern.

Verbreitung: In M.-EU weit verbreitet; in ganz D zerstreut vorkommend. **§!**

Wissenswertes: Die auf den ersten Blick einer Sommerwurz-Art (⇨z.B. S. 132) sehr ähnliche N. ernährt sich mithilfe eines großen, nestähnlichen Wurzelgeflechts, das Kontakt zu den Wurzelpilzen von Rotbuchen unterhält. Diese beziehen ihrerseits die organischen Nährstoffe aus den Wurzeln der Baumpartner.

Großes Zweiblatt *Listera ovata*

FAMILIE KNABENKRAUTGEWÄCHSE

Merkmale: Mehrjährig, 20-60 cm hoch, mit aufrechtem, behaartem, unverzweigtem Stängel, im Erscheinungsbild sehr unauffällig; gewöhnlich nur 2 gegenständige Blätter, breit oval, ziemlich derb, sitzen am Stängel kurz über dem Boden; Blüten bis zu 2 cm lang, grünlich, Lippe grünlich gelb, bis zur Hälfte gespalten und mit eingetiefter Nektarrinne, ohne Sporn, Blütezeit V-VI.

Standort: Laub- und Auenwälder, Feuchtwiesen, Gebüsche; vorzugsweise auf nährstoffreichem und kalkhaltigem Lehmboden.

Verbreitung: Fast überall in EU verbreitet; in D vom Tiefland bis ins Gebirge, in den Alpen bis in etwa 1600 m Höhe.

Wissenswertes: Die unscheinbar grünlichen Blüten werden vor allem von Fliegen bestäubt.

Zweiblättrige Waldhyazinthe

Platanthera bifolia KNABENKRAUTGEW.

Merkmale: Mehrjährig, 20-60 cm hoch, mit aufrechtem, leicht kantigem Stängel; am Grund 2 breit ovale, glänzende Blätter, weiter oben einige kleine, schmal lanzettliche Stängelblätter; Blüten zahlreich in verlängerter, lockerer Ähre, 1,5-3 cm breit, cremeweiß, angenehm duftend, Sporn etwa doppelt so lang wie der gedrehte Fruchtknoten, Lippe ungeteilt, Staubblätter stehen parallel und eng nebeneinander, Blütezeit V-VII.

Standort: Lichte Wälder, Magerrasen, Heiden.

Verbreitung: In EU weit verbreitet; in D größtenteils nur zerstreut. **RL, §!**

Ähnlich: **Berg-Waldhyazinthe** *Platanthera chlorantha,* Blüten grünlich weiß, kaum duftend, Sporn sackartig verdickt. **RL, §!**

Mücken-Händelwurz *Gymnadenia conopsea*

KNABENKRAUTGEW.

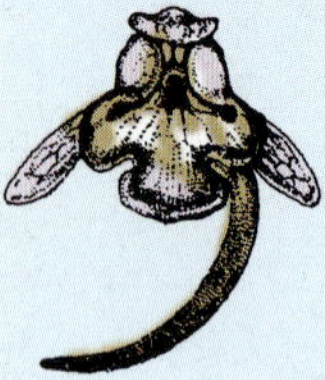

Merkmale: Mehrjährig, 20-60 cm hoch, Stängel rund, aufrecht; grundständige Blätter 0,5-3 cm breit, bis zu 20 cm lang, hellgrün, rinnig gefaltet, ohne Flecken, Stängelblätter schmal lanzettlich, kurz; Blüten zahlreich in einer walzenförmigen, dichten Ähre, 1-1,5 cm breit, rosa bis hell purpurviolett, seltener weiß, duften wenig angenehm, Lippe breit 3-lappig, Sporn dünn, abwärts gebogen, Blütezeit VI-VIII.

Standort: Lichte Laub- und Kiefernwälder, Trockenwiesen, Heiden; stets auf Kalk.

Verbreitung: In EU weit verbreitet; im nördl. D sehr selten, nach S zu zerstreut, in den Alpen bis in 2400 m Höhe. **RL, §!**

Wissenswertes: Die Blüten der auch Große Händelwurz genannten Art werden überwiegend von langrüsseligen Insekten besucht. Der Name Händelwurz rührt von der handförmig geteilten Knolle.

Bocks-Riemenzunge *Himanthoglossum hircinum*

KNABENKRAUTGEW.

Merkmale: Mehrjährige, ziemlich auffällige Pflanze mit 30-90 cm hohem, aufrechtem, kräftigem, beblättertem Stängel; Blätter breit lanzettlich, bis zu 15 cm lang, glattrandig, bläulich grün, beginnen bereits zur Blütezeit zu welken; Blüten zu 20-60 in einer langen Ähre, Einzelblüten 5-7 cm lang, blass grünlich, mitunter rötlich überlaufen, wenig angenehm duftend (Bocksgeruch!), mit kurzem, sackartigem Sporn, Lippe tief 3-teilig, Seitenlappen kraus, Mittellappen sehr lang und mehrfach gedreht, Blütezeit V-VII.

Standort: Trockenrasen, lichte Gebüsche; meist auf lockerem, kalkhaltigem Lößboden.

Verbreitung: Vor allem in S.-EU; in D sehr vereinzelt, erreicht hier ihre Nordgrenze. **RL, §!**

Wissenswertes: Die B. blüht nicht jedes Jahr. Die Gründe dafür sind noch unbekannt.

Geflecktes Knabenkraut
Dactylorhiza maculata KNABENKRAUTG.

Merkmale: Mehrjährig, formenreich, 20-60 cm hoch, Stängel im oberen Teil manchmal rötlich; Blätter lanzettlich, zugespitzt, meist dunkel gefleckt, auch am Stängel; Blüten zu 20-60 in einer anfangs pyramidalen, später walzenförmigen Ähre, 1-2 cm breit, hellpurpurn bis hellviolett, Lippe dunkel gezeichnet, schwach 3-lappig, Blütezeit VI-VIII.
Standort: Nass- und Bergwiesen, Gebüsche.
Verbreitung: In EU verbreitet; in D stellenweise häufig.

Breitblättriges Knabenkraut
Dactylorhiza majalis KNABENKRAUTG.

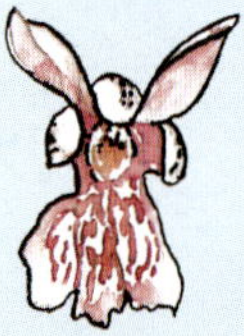

Merkmale: Mehrjährig, mit aufrechtem, kräftigem, bis oben beblättertem Stängel, 20-60 cm hoch; Blätter breit lanzettlich, fast immer purpurn gefleckt; Blüten zu 10-40 in einer mäßig dichten Ähre, 1,2-2 cm breit, tief purpurn bis purpurviolett, Lippe breit, 3-lappig, Seitenlappen gezähnt, nach unten weisend, dunkler gezeichnet, Blütezeit V-VI.
Standort: Nasswiesen, Gräben, Auenbereiche.
Verbreitung: In EU und D verbreitet. **RL, §!**

Fleischfarbenes Knabenkraut *Dactylorhiza incarnata*

Merkmale: Mehrjährige, 20-60 cm hohe Pflanze mit aufrechtem, kräftigem Stängel; Blätter grundständig, hellgrün, ungefleckt, stehen aufrecht und reichen bis zum Blütenstand empor; Blüten zu 20-50 in einer dichten Ähre, 1,2-1,7 cm breit, fleischrot, selten auch gelblich, Lippe schwach 3-lappig, dunkler gezeichnet, Blütezeit VI-VII.
Standort: Nasswiesen, Niedermoore.
Verbreitung: M.- und N-EU; in D zerstreut. **RL, §!**

Helm-Orchis *Orchis militaris*
FAMILIE KNABENKRAUTGEWÄCHSE

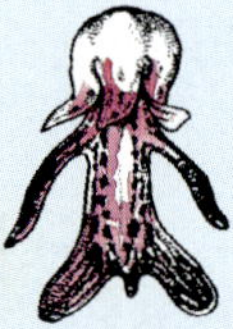

Merkmale: Mehrjährige, 30-50 cm hohe Pflanze mit hellgrünem, schwach kantigem Stängel; Blätter bis zu 15 cm lang, länglich oval; Blüten zu 20-50 in einer dichten Ähre, mit Ausnahme der 3-lappigen, violett gepunkteten Lippe alle Blütenblätter nach oben zu einem Helm zusammengeneigt, außen hell-, innen dunkler rosa, Blütezeit V-VI.
Standort: Trockenwiesen, Gebüsche, Wälder.
Verbreitung: M.- und S-EU; in D zerstreut. **RL, §!**

Purpur-Knabenkraut *Orchis purpurea*
FAM. KNABENKRAUTGEWÄCHSE

Merkmale: Mehrjährige, 30-80 cm hohe Pflanze, Stängel nach oben purpurn überlaufen; Blätter länglich oval, oberseits glänzend, ungefleckt, überwiegend zu einer Rosette angeordnet; Blüten zu 20-70 in einer dichten Ähre, 2-3 cm breit, die 5 obersten Blütenblätter neigen sich zu einem außen braunroten Helm zusammen, Lippe hellrosa, Mittellappen 2-teilig, Blütezeit V-VI.
Standort: Wälder und Gebüsche auf Kalkboden.
Verbreitung: S- und M.-EU; in D zerstreut. **RL, §!**

Stattliches Knabenkraut
Orchis mascula KNABENKRAUTGEW.

Merkmale: Mehrjährige, 20-50 cm hohe Pflanze mit kräftigem, aufrechtem Stängel; Blätter breit linealisch, oft mit feinen purpurnen Punkten und Strichen; Blüten zu 15-30 in einer lockeren Ähre, um 2 cm breit, hellrosa bis rotviolett, 2 Blütenblätter helmförmig zusammengeneigt, 3 abstehend, Lippe (undeutlich) 3-lappig, dunkel gepunktet, Blütezeit V-VI.
Standort: Bergwiesen, lichte Wälder.
Verbreitung: S- und M.-EU; im südlichen D zerstreut, im übrigen D nur selten. **RL, §!**

Breitblättrige Stendelwurz
Epipactis helleborine KNABENKRAUTG.

Merkmale: Mehrjährige Pflanze mit kräftigem, rundem, aufrechtem, unverzweigtem Stängel, 30-90 cm hoch; Blätter wechselständig, sitzend, breit oval, nach oben eher lanzettlich, zugespitzt, dunkelgrün, glattrandig, kahl; Blüten zu 20-70 in einer lockeren, verlängerten Ähre, 2-2,5 cm breit, ohne Sporn, Blütenblätter abstehend, eher unauffällig grünlich, in den meisten Fällen jedoch leicht rötlich überlaufen, Lippe spitz herzförmig, rötlich oder leicht hellviolett, Blütezeit VI-IX.
Standort: Laubwälder, Gebüsche, Parkanlagen, Friedhöfe; schattenverträgliche Pflanze.
Verbreitung: In EU weit verbreitet, in D die häufigste Art unter den heimischen Orchideen, gebietsweise jedoch fehlend. **RL, §!**

Braunrote Stendelwurz
Epipactis atrorubens KNABENKRAUTG.

Merkmale: Mehrjährig, 20-70 cm hoch, Stängel schlank, nur im unteren Teil beblättert, mitunter rotviolett überlaufen, im oberen Teil flaumig behaart; Blätter breit lanzettlich, zugespitzt, steif abstehend, umfassen an der Basis den Stängel; Blüten zu 3-20 in einer lockeren Ähre, etwa 1,5 cm breit, dunkel purpurrot bis violettbraun, Lippe 2-gliedrig, Blütezeit VI-VIII.
Standort: Lichte Wälder, Waldränder, Gebüsche, Dünen im Küstenbereich, meist auf kalkhaltigen Sand- und Lehmböden.
Verbreitung: Fast überall in M.- und S-EU, aber gewöhnlich nur sehr zerstreut. **RL, §!**
Wissenswertes: Nach ihrem (früheren) Vorkommen in Graudünen und dem charakteristischen Blütenduft nennt man die B. S. auch Strandvanille.

Fliegen-Ragwurz *Ophrys insectifera* FAMILIE KNABENKRAUTGEWÄCHSE

Merkmale: Mehrjährige, schlanke, 20-40 cm hohe Pflanze mit aufrechtem, dünnem Stängel; Blätter lanzettlich, leicht bläulich grün, nach oben kürzer und schmaler; Blüten zu 3-10 in einer lockeren, gestreckten Ähre, 5-8 mm breit, 1,2-1,8 cm lang, samtig behaart, rotbraun, mit graublauem Fleck auf der Unterlippe, äußere Blütenblätter grün, Blütezeit V-VI.
Standort: Trockenrasen, Trockengebüsche; bevorzugt auf kalkhaltigem, lockerem Boden.
Verbreitung: M.-EU; in D selten. **RL, §!**
Wissenswertes: Die Blüte gleicht einem Insekt und funktioniert auch tatsächlich als Weibchenattrappe: Die Lippe stellt den Insektenkörper dar, 2 der inneren Blütenblätter die Fühler. Zusätzlich gibt die Blüte den Sexuallockstoff bestimmter Insektenarten ab. Adressaten sind allerdings keine Fliegen, sondern männliche Zweiflügler.

Bienen-Ragwurz *Ophrys apifera* FAMILIE KNABENKRAUTGEWÄCHSE

Merkmale: Mehrjährige, 20-50 cm hohe Pflanze mit schlankem Stängel; Blätter lanzettlich, lang zugespitzt, die oberen umfassen den Stängel wie eine Scheide; Blüten zu 2-7 in einer lockeren, einseitswendigen Ähre, 2-2,5 cm breit und fast ebenso lang, äußere Hüllblätter oval, blass bis intensiv rosa, Lippe mit zwei gewölbten, außen behaarten Höckern und gelblich grüner Fleckenzeichnung, am unteren Ende mit einem nach hinten gebogenen, gelbgrünen Anhängsel, Blütezeit V-VII.
Standort: Trockenrasen und Gebüsche, fast nur auf lockeren, sonnigen Kalkböden.
Verbreitung: Vor allem in S-EU; in D wie im übrigen M.-EU nur sehr zerstreut. **RL! §!**

Ähnlich: **Hummel-Ragwurz** *Ophrys holosericea,* Lippe mit dreiteiligem, nach oben gerichtetem, gelblichem Anhängsel. **RL! §!**

Schwanenblume *Butomus umbellatus* SCHWANENBLUMENGEW.

Merkmale: Mehrjährig, 50-180 cm hoch, Stängel aufrecht, rund, unverzweigt; Blätter grundständig, grasartig, bis zu 1 m lang, rinnig, 3-kantig, an der Basis als Scheide; Blüten zahlreich in Dolden, die 6 Blütenblätter rosa und dunkler geädert, die 3 äußeren oft grünlich, Blütezeit VI-VIII.
Standort: Röhrichte, Ufer stehender oder langsam fließender Gewässer.
Verbreitung: In ganz M.-EU zerstreut bis selten.

Gewöhnlicher Froschlöffel *Alisma plantago-aquatica* FROSCHLÖFFELG.

Merkmale: Mehrjährig, 30-100 cm hoch, mit aufrechtem, rundem Stängel; Blätter löffelförmig, lang gestielt, meist über die Wasserfläche aufragend; Saft schmeckt brennend scharf; Blüten zahlreich in pyramidaler Rispe, 0,7-1,3 cm breit, weiß, mitunter rötlich, in der Mitte mit gelbem Fleck, Blütezeit VI-IX.
Standort: Röhrichte, Ufer, Gräben.
Verbreitung: In EU fast überall häufig, so auch in D.

Gewöhnliches Pfeilkraut *Sagittaria sagittifolia* FROSCHLÖFFELG.

Merkmale: Mehrjährige, 20-100 cm hohe Pflanze mit aufrechtem, 3-kantigem Stängel; alle Blätter grundständig, unter Wasser bandförmig, über Wasser gestielt und mit pfeilförmiger Spreite; Blüten einhäusig verteilt, in einer lockeren Rispe, ♂ oben, ♀ unten, 1,5-2,5 cm breit, die 3 Blütenblätter weiß, an der Basis rötlich, Blütezeit VI-VIII.
Standort: Ufer stehender Gewässer, Teiche.
Verbreitung: Überall in EU verbreitet.

Krebsschere *Stratiotes aloides* FAMILIE FROSCHBISSGEWÄCHSE

Merkmale: Mehrjährige, meist halb untergetauchte Schwimmpflanze; alle Blätter in einer Rosette, schwertförmig, im unteren Teil 3-kantig, im oberen flach, gezähnt, 10-50 cm lang; Blüten zweihäusig verteilt, gestielt, weiß, 2-4 cm breit, Blütezeit V-VII.
Standort: Auf stehenden oder langsam fließenden Gewässern und Altarmen von Flüssen.
Verbreitung: EU; in D vor allem im nördlichen Tiefland; auch in Gartenteichen. **RL, §!**

Froschbiss *Hydrocharis morsus-ranae* FAMILIE FROSCHBISSGEWÄCHSE

Merkmale: Mehrjährige Schwimmpflanze mit Ausläufern, sieht wie eine kleine Version der Seerose aus; Blätter in Rosetten, lang gestielt, von rundlichem Umriss, an der Basis herzförmig; Blüten zweihäusig verteilt, ♂ zu 1-5, ♀ einzeln stehend, 2-4 cm breit, weiß, Blütezeit V-VIII.
Standort: Auf stehenden und langsam fließenden Gewässern schwimmend.
Verbreitung: M.-EU; in D vor allem im nördlichen Tiefland anzutreffen, sonst selten. **RL**

Schwimmendes Laichkraut *Potamogeton natans* LAICHKRAUTGEW.

Merkmale: Mehrjährige Schwimmblattpflanze, etwa 50-200 cm lang, mit flutendem Stängel; schwimmende Blätter lang gestielt, Spreite länglich oval, zugespitzt, 2-7 cm breit und 4-12 cm lang, an der Basis leicht herzförmig; untergetauchte Blätter linealisch, zur Blütezeit verfault; Blüten unscheinbar grünlich, ohne Blütenhülle, in einer aufrechten Ähre dicht beieinander stehend, Blütezeit V-VIII.
Standort: Stehende, nährstoffreiche Gewässer.
Verbreitung: In EU weit verbreitet; in D recht häufig.

Kleine Wasserlinse *Lemna minor*

FAMILIE WASSERLINSENGEWÄCHSE

Merkmale: Mehrjährige Schwimmpflanze mit rundlichen, blattähnlichen, 2-3 mm breiten Gliedern und einfacher, fädiger Wurzel, meist 2-5 Exemplare zusammenhängend; Blüten unscheinbar, sehr einfach, oft fehlend, Blütezeit V-VIII; Vermehrung überwiegend vegetativ, Verbreitung durch Wasservögel.

Standort: Nährstoffreiche Stillgewässer.

Verbreitung: Fast überall in EU häufig, so auch in D.

Zwergwasserlinse *Wolffia arrhiza*

FAMILIE WASSERLINSENGEWÄCHSE

Merkmale: Mehrjährige Schwimmpflanze ohne Wurzel, nur mit sprossendem, blattähnlichem Schwimmglied, etwa 1 mm breit und lang, unterseits leicht gewölbt und weißlich, oberseits grasgrün; gilt als kleinste Blütenpflanze der Welt, Vermehrung jedoch überwiegend vegetativ.

Standort: Stehende, sommerwarme Gewässer.

Verbreitung: In M.-EU selten im Tiefland.

Aronstab *Arum maculatum*

FAMILIE ARONSTABGEWÄCHSE

Merkmale: Mehrjährig, 15-50 cm hoch; alle Blätter grundständig, lang gestielt, Spreite pfeilförmig, netznervig (eine Ausnahme unter den einkeimblättrigen Pflanzen), glänzend dunkelgrün, meist mit schwarzroten Flecken; kolbenförmiger Blütenstand von einem bleichgrünen, tütenförmig gefalteten Hochblatt eingeschlossen, ♂ Blüten an dessen Basis über den ♀, Blütezeit III-V; Früchte rot. Alle Teile des A. sind giftig!

Standort: Laubwälder, Gebüsche und Auen.

Verbreitung: M.- und S-EU; in D vor allem im Mittelgebirgsraum.

Wissenswertes: Das hellgrüne Hochblatt ist unten zu einer Kesselfalle erweitert. Der obere, purpurbraune Teil des Kolbens verströmt Wärme sowie einen unangenehmen Geruch und lockt damit Schmetterlingsfliegen an. Diese stürzen in die Falle, deren Ausgang mit Reusenborsten versperrt ist. Erst nach erfolgter Bestäubung wird der Weg nach draußen wieder frei, weil die Reuse verwelkt.

Kalmus *Acorus calamus*

FAMILIE ARONSTABGEWÄCHSE

Merkmale: Mehrjährige, 50-150 cm hohe Pflanze mit dickem, aromatisch duftendem Wurzelstock und aufrechtem, unverzweigtem Stängel; Blätter schwertförmig, am Rand fein gewellt; der vom Tragblatt überragte, kolbenförmige Blütenstand scheinbar seitenständig, weil das Tragblatt wie ein fortgesetzter Stängel erscheint, Einzelblüten klein, grünlich, Blütezeit VI-VII.

Standort: Röhricht stehender Gewässer; früher oft als Aromapflanze in Bauerngärten kultiviert.

Verbreitung: Der K. stammt aus SW-Asien. Er wurde durch Alexander d. Gr. nach Kleinasien gebracht und gelangte von dort nach M.-EU, wo er heute an vielen Stellen eingebürgert ist.

Drachenwurz *Calla palustris*

FAMILIE ARONSTABGEWÄCHSE

Merkmale: Mehrjährige, 10-40 cm hohe Pflanze mit bogig kriechendem Wurzelstock; Blätter lang gestielt, aufrecht, herzförmig, glänzend dunkelgrün, etwas ledrig; Blüten grünlich, an einem dicken, 2-4 cm langen Kolben, der von einem weißen Hochblatt umschlossen ist, oben mit ♂, unten mit zwittrigen Blüten, Blütezeit V-VII. Giftig, brennend scharfer Geschmack!

Standort: Bruchwälder, Waldsümpfe, Moore.

Verbreitung: N- und M.-EU; in D zerstreut. **RL, §!**

Register

A. = Ausfalttafel

Der Autor
Dr. Bruno P. Kremer, geboren 1946, studierte Biologie und Chemie. Nach seiner Promotion war er als Wissenschaftlicher Assistent am Botanischen Institut der Universität Köln tätig, seit 1979 bildet er als Akademischer Rat an dieser Universität Biologielehrer aus. Er publizierte viele Beiträge für Zeitschriften und populärwissenschaftliche Bücher.

Die Illustratoren: *Reinhild Hofmann,* geboren 1946, studierte an der Kunstakademie in München Naturwissenschaftliche Illustration bei Nüssl. Seit 1980 zeichnet sie für die größte deutsche Gartenzeitschrift und illustrierte rund 100 pflanzenkundliche Bücher.
Fritz Wendler (✝), geboren 1941, gewann mit seinem umfangreichen Werk weniger Jahre internationale Anerkennung und trug wesentlich zum Erfolg von »Steinbachs Naturführer« bei.

Der Herausgeber
Gunter Steinbach, geboren 1938, studierte Bildende Künste in Hamburg, war ein Jahrzehnt im Verlagswesen tätig und lebt seit 1978 auf seinem Einödhof im Allgäu. Dort widmet er sich praktisch und publizistisch der heimischen Natur.

Bildquellen

Beispiel der Bildzählung:

1	2
3	4
5	6

Fotos: Die Ziffer vor dem Punkt bedeutet die Seite im Buch, die Ziffer nach dem Punkt die Bildposition auf der Seite. Die Zählung läuft wie die Artenfolge der linken Textseiten von links nach rechts und von oben nach unten.

Dr. H. Bellmann: 31.1; **Dr. G. Ewald:** 19.6, 21.6, 31.4, 36.2, 37.2, 37.4, 41.2, 49.5, 71.2, 81.3, 85.5, 93.4, 97.5, 97.6, 113.2, 113.5, 119.1, 121.1, 129.1, 131.1, 147.4, 155.5, 170.2, 171.1, 179.1, 181.1, 183.5, 185.3, 185.4; **Dr. R. König:** 3, 13.1, 17.4, 19.3, 37.5, 37.6, 38.2, 39.5, 39.6, 41.4, 43.4, 50.2, 53.1, 53.2, 55.6, 60, 61.1, 67.2, 68/69, 73.3, 78, 81.1, 89.5, 91.1, 96, 101.2, 113.4, 117.1, 123.5, 124.1, 135.1, 135.4, 147.3, 149.2, 149.6, 153.1, 159.1, 163.6, 170.1, 172.2, 176.2, 181.2, 184.2, 185.2; **Dr. B. P. Kremer:** 16, 18.1, 18.2, 24.3, 32.1, 40, 54.1, 56, 62, 66, 92.1, 92.2, 106.2, 107.1, 116.1, 122.2, 124.2, 124.3, 136.1, 136.3, 152, 155.4, 166.1, 167.3, 172.1, 184.1; **A. Limbrunner:** 87.4, 91.2, 135.3, 155.6, 157.4, 170.3, 171.2, 171.4, 173.6, 183.2; **B. Münker:** 33.5, 75.2, 111.4, 181.3, 185.5; **M. Pforr:** 13.2, 15.2, 15.4, 15.5, 17.5, 19.5, 21.3, 21.5, 23.5, 25.1, 25.2, 25.3, 25.4, 26.1, 26.3, 27.1, 27.2, 31.3, 31.5, 31.6, 33.1, 33.3, 33.6, 35.3, 35.4, 35.5, 39.2, 39.4, 51.2, 55.1, 57.3, 58, 59.3, 61.2, 61.4, 63.1, 63.2, 63.3, 65.1, 67.5, 70.1, 71.3, 73.1, 73.4, 73.6, 74.1, 74.2, 75.1, 75.4, 77.2, 81.4, 83.1, 83.4, 83.5, 83.6, 85.2, 85.6, 87.1, 89.3, 90.3, 93.1, 94.1, 95.2, 97.4, 99.2, 99.6, 105.1, 105.2, 105.3, 105.4, 106.1, 107.2, 107.4, 107.5, 111.1, 111.2, 113.6, 115.1, 115.2, 115.5, 117.2, 117.3, 117.5, 119.2, 119.3, 119.4, 121.4, 123.3, 125.1, 125.2, 125.3, 125.4, 126, 127.1, 127.2, 127.3, 127.4, 131.2, 133.3, 133.4, 137.4, 139.1, 141.2, 143.2, 143.4, 145.3, 147.1, 147.6, 149.4, 151.1, 151.3, 153.2, 153.5, 154, 157.1, 157.3, 157.5, 159.4, 159.5, 160, 161.1, 161.2, 161.4, 163.5, 167.5, 169.1, 169.3, 171.3, 173.1, 173.2, 173.4, 175.1, 175.4, 176.1, 177.1, 177.3, 179.2, 179.6, 180.2, 183.1, 184.3, 185.1; **H. Reinhard:** 15.3, 15.6, 17.1, 21.1, 25.5, 28/29, 37.1, 41.3, 41.6, 43.3, 44/45, 47.4, 49.4, 51.3, 59.1, 67.4, 70.2, 73.2, 79.2, 87.2, 97.3, 101.3, 119.5, 119.6, 121.3, 123.1, 123.2, 123.4, 135.5, 137.1, 139.3, 141.4, 147.2, 155.2, 159.6, 161.3, 163.1, 163.4, 167.2, 167.4, 169.4, 173.5, 175.3, 177.4, 179.5, 183.3, 183.4, 185.6; **J. Schimmitat:** 65.2, 65.3, 65.5; **H. Schrempp:** 13.3, 13.4, 17.3, 21.4, 23.3, 24.1, 24.2, 24.4, 25.6, 26.2, 26.4, 27.4, 31.2, 35.2, 35.6, 36.1, 37.3, 38.1, 41.1, 41.5, 43.2, 46.1, 46.2, 47.2, 48.2, 49.2, 49.3, 51.4, 53.4, 54.2, 54.3, 55.2, 55.3, 55.4, 55.5, 57.2, 57.4, 61.3, 63.4, 67.6, 71.1, 71.4, 77.3, 77.4, 79.1, 79.3, 79.4, 80, 83.2, 85.1, 85.3, 87.3, 89.6, 91.3, 93.2, 94.2, 97.1, 97.2, 99.1, 99.4, 99.5, 101.1, 101.4, 103.1, 103.2, 103.3, 103.4, 103.5, 107.6, 112, 113.3, 115.4, 115.6, 129.3, 129.4, 129.5, 135.2, 135.6, 136.2, 137.3, 138, 139.2, 140, 143.1, 143.3, 145.4, 147.5, 149.5, 150, 151.2, 151.4, 153.4, 155.3, 157.6, 163.3, 164/165, 167.1, 169.5, 169.6, 171.6, 177.2, 178, 179.3, 180.1, 181.4; **G. Steinbach:** 19.2, 27.3, 32.2, 33.2, 43.1, 47.3, 50.1, 53.3, 59.2, 59.4, 67.1, 73.5, 81.2, 85.4, 89.4, 90.2, 90.4, 95.1, 95.3, 95.4, 107.3, 115.3, 116.2, 122.1, 129.2, 129.6, 131.3, 133.2, 141.1, 153.3, 155.1, 157.2, 159.3, 163.2, 166.2, 167.6, 171.5, 183.6; **P. Zeininger:** 10/11, 15.1, 17.6, 19.1, 19.4, 21.2, 48.1, 65.4, 65.6, 67.3, 75.3, 77.1, 83.3, 91.4, 93.3, 108/109, 111.3, 111.5, 111.6, 113.1, 131.4, 133.1, 139.4, 141.3, 145.1, 145.2, 145.6, 149.1, 149.3, 153.6, 169.2, 175.2, 179.4; **P. Zeininger/M. Kühn:** 23.1, 23.2, 39.1, 39.3, 47.1, 49.1, 51.1, 57.1, 90.1, 121.2, 137.2, 159.2; **W. Zepf:** 17.2, 23.4, 23.6, 33.4, 35.1, 49.6, 89.1, 89.2, 99.3, 117.4, 145.5, 173.3.

Grafiken: Reinhild Hofmann (auch Innentitel und Faltblatt) und **Fritz Wendler**.

Die ersten Bände der Reihe

STEINBACHS NATURFÜHRER:

Klaus Richarz

LANDVÖGEL

Bruno P. Kremer

BÄUME

Bruno P. Kremer

WILDBLUMEN

Heiko Bellmann

SCHMETTERLINGE

Die Reihe wird fortgesetzt

© 2001 Mosaik Verlag München
in der Verlagsgruppe Bertelsmann GmbH/ 5 4 3 2 1

Projektleitung, Bildredaktion, Buchgestaltung und DTP: Gunter Steinbach
Textredaktion: Dr. Helga Hofmann
Umschlaggestaltung: Heinz Kraxenberger, München
Reproduktionen: Artilitho, Trento
Druck: Alcione, Trento
Bindung: Ecoprint, Lavis, Trento

ISBN 3-576-11456-4

Printed in Italy